解 读 地 球 密 码

丛书主编 孔庆友

地苑奇葩

地质公园

Geopark
The Amazing Work of Geology

本书主编 王世进 徐 品 王 赟

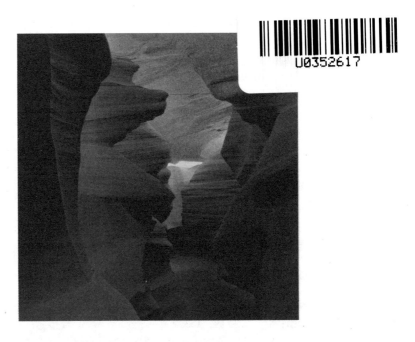

山东科学技术出版社
·济南·

图书在版编目（CIP）数据

地苑奇葩——地质公园 / 王世进，徐品，王赟主编．
-- 济南：山东科学技术出版社，2016.6（2023.4 重印）
（解读地球密码）
ISBN 978-7-5331-8355-4

Ⅰ．①地…　Ⅱ．①王…　②徐…　③王…　Ⅲ．①地
质—国家公园—世界—普及读物　Ⅳ．① S759.93-49

中国版本图书馆 CIP 数据核字（2016）第 141907 号

丛书主编　孔庆友
本书主编　王世进　徐　品　王　赟

地苑奇葩——地质公园
DIYUAN QIPA——DIZHI GONGYUAN

责任编辑：梁天宏
装帧设计：魏　然

主管单位：山东出版传媒股份有限公司
出 版 者：山东科学技术出版社
　　　　　地址：济南市市中区舜耕路 517 号
　　　　　邮编：250003　电话：（0531）82098088
　　　　　网址：www.lkj.com.cn
　　　　　电子邮件：sdkj@sdcbcm.com
发 行 者：山东科学技术出版社
　　　　　地址：济南市市中区舜耕路 517 号
　　　　　邮编：250003　电话：（0531）82098067
印 刷 者：三河市嵩川印刷有限公司
　　　　　地址：三河市杨庄镇肖庄子
　　　　　邮编：065200　电话：（0316）3650395

规格：16 开（185 mm×240 mm）
印张：8.5　字数：153 千
版次：2016 年 6 月第 1 版　印次：2023 年 4 月第 4 次印刷
定价：35.00 元

普及地质科学知识
提高民族科学素质

李廷栋
2016年元月

传播地学知识，弘扬科学精神，
践行绿色发展观，为建设
美好地球村而努力。

翟裕生
2015年10月

贺　词

　　自然资源、自然环境、自然灾害，这些人类面临的重大课题都与地学密切相关，山东同仁编著的《解读地球密码》科普丛书以地学原理和地质事实科学、真实、通俗地回答了公众关心的问题。相信其出版对于普及地学知识，提高全民科学素质，具有重大意义，并将促进我国地学科普事业的发展。

国土资源部总工程师　张洪涛

　　编辑出版《解读地球密码》科普丛书，举行业之力，集众家之言，解地球之理，展齐鲁之貌，结地学之果，蔚为大观，实为壮举，必将广布社会，流传长远。人类只有一个地球，只有认识地球、热爱地球，才能保护地球、珍惜地球，使人地合一、时空长存、宇宙永昌、乾坤安宁。

山东省国土资源厅副厅长　王桂鹏

编著者寄语

★ 地学是关于地球科学的学问。它是数、理、化、天、地、生、农、工、医九大学科之一，既是一门基础科学，也是一门应用科学。

★ 地球是我们的生存之地、衣食之源。地学与人类的生产生活和经济社会可持续发展紧密相连。

★ 以地学理论说清道理，以地质现象揭秘释惑，以地学领域广采博引，是本丛书最大的特色。

★ 普及地球科学知识，提高全民科学素质，突出科学性、知识性和趣味性，是编著者的应尽责任和共同愿望。

★ 本丛书参考了大量资料和网络信息，得到了诸作者、有关网站和单位的热情帮助和鼎力支持，在此一并表示由衷谢意！

科学指导

李廷栋 中国科学院院士、著名地质学家
翟裕生 中国科学院院士、著名矿床学家

编著委员会

主　　任	刘俭朴　李　琥
副 主 任	张庆坤　王桂鹏　徐军祥　刘祥元　武旭仁　屈绍东
	刘兴旺　杜长征　侯成桥　臧桂茂　刘圣刚　孟祥军
主　　编	孔庆友
副 主 编	张天祯　方宝明　于学峰　张鲁府　常允新　刘书才
编　　委	（以姓氏笔画为序）

卫　伟　王　经　王世进　王光信　王来明　王怀洪
王学尧　王德敬　方　明　方庆海　左晓敏　石业迎
冯克印　邢　锋　邢俊昊　曲延波　吕大炜　吕晓亮
朱友强　刘小琼　刘凤臣　刘洪亮　刘海泉　刘继太
刘瑞华　孙　斌　杜圣贤　李　壮　李大鹏　李玉章
李金镇　李香臣　李勇普　杨丽芝　吴国栋　宋志勇
宋明春　宋香锁　宋晓媚　张　峰　张　震　张永伟
张作金　张春池　张增奇　陈　军　陈　诚　陈国栋
范士彦　郑福华　赵　琳　赵书泉　郝兴中　郝言平
胡　戈　胡智勇　侯明兰　姜文娟　祝德成　姚春梅
贺　敬　徐　品　高树学　高善坤　郭加朋　郭宝奎
梁吉坡　董　强　韩代成　颜景生　潘拥军　戴广凯

编辑统筹　宋晓媚　左晓敏

目 录
CONTENTS

Part 1 走进地质公园

地质遗迹释义/2

地质遗迹是各类地质作用形成、发展并遗留下来的自然遗产，包含丰富的地学内涵且不可再生，是构成地质公园最主要的基础，其丰富的类型给了人们无限的想象和探索空间，使这个世界变得美丽而多彩。

地质公园的概念与分类/4

地质公园因包含地质遗迹的不同而异彩纷呈，更因其地质遗迹在地学领域价值的不同而分为世界级、国家级、省级等不同等级，地质公园既是科研科普的基地，也是人们观光旅游的胜地。

地质公园评价/6

地质公园主要围绕其自然性、系统性、完整性、典型性、稀有性、优美性、科学性、社会经济效益、生态效益等方面进行综合评价，为地质公园的保护、开发、管理等方面提供重要的参考价值。

地质公园的意义和功能/8

保护地质遗迹、开展科普教育、开发旅游资源是地质公园的三大作用，其更重要的意义在于启迪人们对地球的兴趣和热爱，增强保护环境的意识。

1

Part 2 遍游世界地质公园

世界地质公园的分布/12

全球120个世界地质公园分布在33个国家和地区，其中亚洲46个，欧洲69个，美洲4个，非洲1个。

亚洲的世界地质公园/13

亚洲的46个世界地质公园中，中国就有33个，占世界总数的1/4强，其次是日本8个，印度尼西亚2个，韩国、马来西亚和越南各1个。

欧洲的世界地质公园/15

欧洲共拥有世界地质公园69个，其中西班牙11个，意大利10个，英国6个，德国5个，希腊5个，法国5个，葡萄牙4个，奥地利3个，冰岛2个，挪威2个，爱尔兰2个，匈牙利、克罗地亚、捷克、芬兰、丹麦、德国/波兰、匈牙利/斯洛伐克、爱尔兰/北爱尔兰、荷兰、罗马尼亚、斯洛文尼亚、斯洛文尼亚/奥地利、土耳其、塞浦路斯等各有1个。

美洲和非洲的世界地质公园/23

美洲共有4个世界地质公园，分别是巴西的阿拉里皮地质公园，加拿大的石锤地质公园、滕布勒岭地质公园，乌拉圭的格鲁塔·德尔·帕拉西奥地质公园；非洲只有1个，即摩洛哥的姆古恩地质公园。

Part 3 饱览中国地质公园

中国的世界地质公园/26

　　中国已有33个世界地质公园，分布在全国21个省、自治区、直辖市和香港特别行政区，其中河南4个，江西3个，安徽、黑龙江、云南、内蒙古、福建、四川、北京各2个，湖北、广东、山东、海南、陕西、浙江、广西、湖北、青海、贵州、甘肃、香港各1个。

中国的国家地质公园/40

　　中国国家地质公园由国土资源部批准建立，截至2015年，全国共有185处批准建立（命名）的国家地质公园，遍布31个省、自治区、直辖市和香港特别行政区，另有57个获得国家地质公园资格。

Part 4 畅游山东地质公园

山东地质公园的分布/74

　　山东地质公园主要分布在鲁中南山区和胶东半岛地区，这些地区地质构造发育，地壳升降明显，地质遗迹丰富，地貌景观复杂多样，为地质公园的建立提供了良好的基础。

泰山世界（国家）地质公园/79

　　泰山是中华十大名山之首，1987年被联合国教科文组织正式列入世界自然、文化双遗产名录，是目前山东唯一的世界地质公园。泰山山脉是齐鲁大地的基底，泰山岩群雁翎关岩组是华北地区最古老的地层，记录了鲁西地区近28亿年漫长而复杂的地质演化史。

山东的国家地质公园/82

除泰山之外，熊耳山—抱犊崮、山旺、黄河三角洲、长岛、沂蒙山、诸城、青州、莱阳、沂源鲁山、昌乐火山先后被批准为国家地质公园。山东的国家地质公园涵盖面广、地质遗迹丰富，在全国乃至世界都有重要影响。

山东的省级地质公园/95

山东除德州以外的16个地市均有省级地质公园分布，内容丰富，特色鲜明，异彩纷呈，经过多年的建设和完善，正日益成为人们休闲旅游的好去处和科普教育的重要基地，并快速拉动地方经济的不断增长。

附录

附录一　全球世界地质公园一览表/113
附录二　欧洲世界地质公园一览表/116
附录三　中国世界地质公园一览表/118
附录四　中国国家地质公园一览表/119

参考文献/124

地学知识窗

世界地质公园/12　世界地质公园的作用/20　申报世界地质公园的条件/24　岩溶地貌/33　岱崮地貌/39　化石/45　丹霞地貌/55　地层年代/80　海蚀地貌/86

 走进地质公园

　　地质遗迹是在地球形成、演化的漫长地质历史时期，受各种内、外动力地质作用，形成、发展并遗留下来的自然产物，它不仅是自然资源的重要组成部分，更是珍贵的、不可再生的地质自然遗产。地质公园是以其地质科学意义、珍奇秀丽和独特的地质景观为主，融合自然景观与人文景观的自然公园。地质公园内地质遗迹资源丰富，种类繁多，有地质剖面、古生物化石产地、溶洞（群）、泉（群）、花岗岩地貌、异石、名山奇峰、海岛、湖泊、火山（口）等。

地质遗迹释义

地质遗迹是地球赋予人类的宝贵地质资源，认识地质遗迹、研究地质遗迹、保护地质遗迹、合理开发地质遗迹是全人类共同的责任和义务。

1. 地质遗迹的概念

地质遗迹是指在地球演化的漫长地质历史时期，由于内、外动力地质作用形成、发展并遗留下来的珍贵的、不可再生的地质自然遗产。地质遗迹既包括山水名胜、自然风光等自然遗迹，也包括人类与地质体相互作用和人类开发利用地质环境、地质资源的遗迹，以及地质灾害遗迹等。

2. 地质遗迹的形成

地球在漫长的地质历史演变过程中，由于内、外力地质作用，形成了千姿百态的地貌景观、地层剖面、地质构造、古人类遗址、古生物化石、矿物、岩石、水体和地质灾害遗迹等，其中具有独特性和典型价值的，便成为人类所关注的地质遗迹。中国地域辽阔，地理条件复杂，地质构造形式多样，地质遗迹丰富多彩，是世界上种类齐全的少数国家之一，有的遗迹种类在世界上独一无二。云南的石林、安徽的黄山、广东的丹霞地貌等地质遗迹，都以其独具的特色，在世界上享有盛名。

3. 地质遗迹类型

地质遗迹依其形成原因、自然属性等，主要分为6种类型：

（1）标准地质剖面类

主要代表有：中国最古老的岩石——鞍山白家坟花岗岩，陕西小秦岭元古界剖面，天津蓟县中上元古界层型剖面，云南晋宁梅树村剖面，吉林浑江大阳岔寒武—奥陶系界线剖面，宁夏中宁陆相泥盆系及生物群保护遗址，云南曲靖陆相泥盆系剖面，广西桂林南边村泥盆—石炭纪地层界线剖面，新疆吉木萨尔大龙口非海相二叠—三叠系界线剖面，台湾的利吉青灰泥岩剖面，河北原阳泥河湾盆地小长梁遗址。

（2）著名古生物化石遗址类

主要代表有：周口店北京猿人遗址，云南"澄江动物群"化石产地，新疆奇台县克拉麦里矽化木森林奇观，山东山旺中新世山旺组古生物群，辽宁抚顺煤田含昆虫琥珀遗址，山东泰安晚寒武世三叶虫产地，四川自贡恐龙公园博物馆，世界奇观——河南西峡恐龙蛋化石。

（3）地质构造形迹类

主要代表有：西藏雅鲁藏布江缝合带，河南嵩山前寒武纪地层及三个整合遗迹，辽宁大连白云山庄莲花状旋钮构造，四川松潘—甘孜多层次滑脱构造，北京西山的褶叠层构造，陕西蓝田铁炉子活动性断裂与河道错位，四川龙门山推覆构造带与景观。

（4）典型地质与地貌景观类

主要代表有：武陵源石英砂岩峰林地质景观，梵净山自然保护区，黄山奇峰，赞皇嶂石岩风景名胜区，丹霞山地质地貌景观区，武夷山丹霞地貌景观区，山东马山石柱群和硅化木群落，五大连池火山地质景观，雁荡山流纹岩峰林地质景观区，桃渚流纹岩峰林、石林景观区，涠洲岛火山喷发海蚀、海积景观，天津贝壳堤、牡蛎滩保护区，西沙群岛石岛的地质景观，塔克拉玛干大沙漠，喜马拉雅山与现代冰川，贡嘎山冰川公园，西藏羊八井地热田，西藏的间歇喷泉，雅鲁藏布江大峡湾，黄龙—九寨沟高寒岩溶钙化景观区，织金洞岩溶地质景观，黄果树瀑布群地质景观，桂林岩溶峰林地质景观，云南腾冲火山地热奇观，云南路南石林，新疆风蚀地貌景观——乌尔禾魔鬼城，长江三峡地质奇观，太鲁阁大理岩峡谷，澎湖列岛的地形景观，台湾的泥火山，台湾阳明山地热景观，台湾东北角海岸风景特定区的地形景观。

（5）特大型矿床类

主要代表有：广西大厂锡多金属矿田，胶东玲珑—焦家式金矿，栾川南泥湖钼矿田，金川铜镍硫化物矿床，世界"锑都"——锡矿山，白云鄂博——世界上最大的稀土矿床，赣南钨矿，湖南柿竹园钨铋钼锡超大型矿床，中国稀有金属和宝石明珠——阿尔泰伟晶岩，大庆油田，青海察尔汗盐湖，东胜—神木煤田，辽宁海城菱镁矿矿床。

（6）地质灾害遗迹类

主要代表有：大连金石滩震旦系、寒武系地层中的地震遗迹，四川小南海地震堰塞湖遗迹，广西南丹新州矿采空区塌陷，河北唐山地震，秭归新滩滑坡，云南昆明市东川区泥石流及防治。

地质公园的概念与分类

1.地质公园的概念

地质公园是以其地质科学意义、珍奇秀丽和独特的地质景观为主，融合自然景观与人文景观的自然公园。地质公园内地质遗迹资源丰富，种类繁多，有地质剖面、古生物化石产地、溶洞（群）、泉（群）、花岗岩地貌、异石名山奇峰、海岛、湖泊、火山（口）等。地质遗迹在科研、教学、科普教育和旅游观赏等方面具有极为重要的意义。人们通过各种地质遗迹现象，可以追溯地质演化历史，探究各地质历史时期的地理、气候、生态环境状况。

2.地质公园的分类

地质公园依其主要地质遗迹形成原因、自然属性等，分为下列7种类型：

（1）地质剖面类

地质剖面又称地质断面，是沿某一方向显示地表或一定深度内地质构造情况的实际（或推断）切面。地质剖面资料是研究地层、岩体和构造的基础资料。根据剖面资料划分填图单位，是地质填图工作的前提。根据不同岩类特征可分别测制地层剖面、火山-构造剖面、花岗岩单元超单元剖面、矿区（或矿床、矿体）剖面等。如河北蓟县中上元古界地层剖面、河南嵩山东麓邓家剖面、山东张夏-崮山华北寒武系标准剖面。

（2）地质构造形迹类

构造形迹指在自然条件下地壳中的岩层或岩体发生永久形变而造成的各种地质构造形体和地块、岩块相对位移的踪迹，如各种不同成因的褶皱和不同性质的断裂、节理、劈理和片理等。如福建晋江深沪湾、郯城马陵山地质公园郯庐断裂构造形迹。

（3）古生物化石遗址类

古生物化石是人类史前地质历史时期形成并赋存于地层中的古代生物遗体和活动遗迹。它是地球历史的见证，是研究生命起源和进化的科学依据。如云南禄丰恐龙化石、新疆奇石、浙江新昌恐龙化石、山东山旺中新世山旺组古生物群、诸城恐龙化石。

（4）矿物与矿床类

矿物指在各种地质作用中产生和发展，在一定地质和物理、化学条件处于相对稳定的自然元素的单质和它们的化合物。矿物具有相对固定的化学组成，呈固态者还具有确定的内部结构，是组成岩石和矿石的基本单元。矿床是地表或地壳里由于地质作用形成的，并在现有条件下可以开采和利用的矿物的集合体。一个矿床至少由一个矿体组成，也可以由两个或多个乃至上百个矿体组成，是由地质作用形成、有开采利用价值的有用矿物的聚集地。如蒙阴钻石矿山公园、平邑归来庄金矿矿山公园。

（5）地貌景观类

地质景观是由内力作用（地壳运动、岩浆活动和变质作用）形成的，地貌景观是由外力作用（地球表面的风、流水、冰川、生物等对地球表面形态的作用）形成的。如广东韶关丹霞地貌（重力

崩塌伴化学风化），甘肃敦煌雅丹地貌（干旱风蚀），贵州织金洞，云南的溶洞、峰林、峰丛、石林、峡谷、天坑，以及张家界砂岩峰林，黄山花岗岩，山东马山石柱群和硅化木群落、沂源鲁山地质公园溶洞岩溶地质景观。

（6）水体景观类

水体景观是以自然水体为主构成的景观，有观赏、游乐、康疗、度假等旅游功能。水体景观按其性质分为江河型、湖泊型、瀑布型、泉水型和海洋型等水体景观。如贵州黄果树瀑布、济南泉群、章丘百脉泉。

（7）地质灾害遗迹类

地质灾害遗迹是指在自然或者人为因素的作用下形成的，对人类生命财产、环境造成破坏和损失的地质作用（现象）遗留下来的痕迹，如崩塌、滑坡、泥石流、地裂缝、水土流失、土地沙漠化及沼泽化、土壤盐碱化，以及地震、火山、地热灾害等。如唐山、汶川、山东枣庄熊耳山的崩塌地震遗迹等地质灾害遗迹。

地质公园评价

地质公园评价是指对地质公园范围内所属的主要地质遗迹潜在价值的综合评估。它主要围绕地质公园的自然性、系统性、完整性、典型性、稀有性、优美性、科学性、社会经济效益、生态效益等方面进行综合评价，为地质公园的保护、开发、管理等方面提供重要的参考价值。

1. 地质公园的自然性

地质公园的自然性是指地质公园范围内主要地质遗迹保持自然状态的程度。评价地质遗迹受到自然风化和人为破坏的程度如何，是否稍加人工整理即可恢复原有面貌。如果地质遗迹受到人为破坏十分严重，以致极难恢复原始风貌，则地质公园的价值将极大降低。

2. 地质公园的系统性和完整性

地质公园的系统性和完整性是指地质公园范围内主要地质遗迹的形成过程和表观现象保存的系统性、完整性和内容丰富多样的程度，反映该类型遗迹的主要特征。如果地质遗迹的形成过程和表观现象保存系统而完整，内容丰富多样，反映该类型遗迹的主要特征清楚，则地质公园的价值就高；反之，地质公园的价值将极大降低。

3. 地质公园的典型性

地质公园的典型性是指地质公园范围内主要地质遗迹的类型、内容、规模、科学意义等是否具有典型意义，是否具有国际或全国性对比意义。这是地质公园评价的最重要指标之一。其中，主要地质遗迹是否在国内外同类遗迹比较中具有典型特征，并享有知名度，也是评价其典型性的一个重要标准。

4. 地质公园的稀有性

地质公园的稀有性是指地质公园范围内主要地质遗迹是否属世界上唯一或极特殊的遗迹。这是地质公园评价的最重要指标之一。地质公园中地质遗迹在国内外的稀有程度是建立地质公园的重要依据之一。

5. 地质公园的优美性

地质公园的优美性是指地质公园范围内主要地质遗迹的美学价值。这是地质公园评价的最重要指标之一。地质公园是否具有生命力，其主要地质遗迹的美学价值的评估是十分重要的因素。在漫长的历史过程中，各种地质作用对各种地质遗迹进行了不间断的改造，相当多的地质遗迹在大自然鬼斧神工般的作用过程中，塑造出了千姿百态、神韵独具的地质景观，具有很高的观赏和美学价值。这在地质公园的建设发展过程中具有不可替代的价值。

6. 地质公园的科学价值

地质公园的科学价值是指地质公园范围内主要地质遗迹所具有的科学价值。这是地质公园评价的最重要指标之一。地质遗迹是在地球演化的漫长地质历史时期，由于内、外动力地质作用形成、发展并遗留下来的不可再生的地质自然遗产。大部分地质遗迹本身就是科学研究的重要对象，有些地质遗迹因其独特的科学内涵成为国际学术界关注的焦点。另外，普及科学知识是地质公园的任务之一，而地质遗迹的科学价值是科学普及的核心内容。

7. 地质公园的生态效益评价

重要的地质遗迹是宝贵的自然资源，是人类的财富，是自然生态环境的重要组成部分，也是构成影响生物多样性和人类生存的基本要素的重要环节。事实上，许多有名的风景名胜区本身就是由重要的地质遗迹构成的。地质公园建立的目的是基于对地质遗迹资源的保护，改变对资源利用的传统方式，充分挖掘地质遗迹资源。因此，保护好地质遗迹，实际上就是保护了当地的资源环境，对人类社会可持续发展具有重要的意义。所以，建立地质公园具有很好的生态环境效益。

8. 地质公园的社会经济效益评价

国家地质公园的建立是以保护地质遗迹资源、促进社会经济的可持续发展为宗旨，遵循"在保护中开发，在开发中保护"的原则。地质遗迹资源对旅游业有重要意义，因为它不但有观赏游憩价值，而且是不需移动位置、不需改变原有面貌和性质、可以永续利用的宝贵资源。随着人民生活水平的提高，中国旅游产业不断发展，地质公园的建立，为改变传统的资源利用方式、充分挖掘地质遗迹资源、发展旅游产业、促进地方旅游经济的发展提供了新的机遇。这也是对地质遗迹保护与利用的最好方式。同时，可以根据地质遗迹的特点营造特色文化，但要处理好保护与利用的关系，做到可持续发展。

地质公园的意义和功能

1. 地质公园的意义

1997年，联合国教科文组织第29次大会决定，"建立具有特殊地质特色的全球地质景区网络。"我国《地质遗迹保护管理规定》第八条明确指出："对具有国际、国内和区域性典型意义的地质遗迹，可建立国家级、省级、县级地质遗迹保护段、地质遗迹保护点或地质公园。"

建立地质公园的意义有以下6个方面：

（1）建立地质公园是保护地质遗迹的需要

保护地质遗迹的有效方式，就是动员全社会的力量，合理而科学地开发、利用地质遗迹资源。把建立地质公园与地区经济发展结合起来，通过建立地质公园带动旅游业的发展，使地质遗迹资源成为地方经济发展新的增长点。促进地方经济发展，增加居民就业，提高当地群众的生活水平，从而达到保护地质遗迹的目的。

（2）建设地质公园有利于社会精神文明建设

建立地质公园是崇尚科学和破除迷信的重要举措。地质公园建设以普及地学知识、宣传唯物主义世界观、反对封建迷信为主要任务，既有对自然景观的人文解释，又有对地质科学的解释，从而使地质公园既有趣味性，更有科学性。

（3）地质公园为科学研究和科学知识普及提供重要场所

对整个社会来说，地质公园是科学家成长的摇篮和进行科学探索的基地。对广大民众尤其是青少年而言，地质公园是普及地质科学知识、进行启智教育的最好课堂。

（4）建立地质公园是一种新的地质资源利用方式

直到20世纪80年代末，我国才逐步认识到地质遗迹资源对旅游业的重要性。地质遗迹有独特的观赏和游览价值，因此，建立地质公园，可以使宝贵的地质遗迹资源不需要改变原有面貌和性质而得到永续利用。国家地质公园的建立，是对地质遗迹资源利用的最好方式。

（5）建立地质公园是发展地方经济的需要

建立地质公园，可以改变传统的生产方式和资源利用方式，为地方旅游经济的发展提供新的机遇。地方可以根据地质遗迹的特点，营造特色文化，发展旅游产业，促进经济发展。

（6）建立地质公园是地质工作服务社会经济的新模式

建设国家地质公园，要改革地质工作管理体制，转变观念，扩大服务领域，开辟地质市场，服务于社会经济发展。

2. 地质公园的功能

（1）地质公园的主要功能

①保护自然环境和地质遗迹。地质遗迹是不可再生的自然遗产，是生态环境的重要组成部分。因此，地质公园是生态环境的重点保护区，强调严格保护自然与文化遗产，保护原有的景观特征和地方特色，维护生态环境的良性循环，防止污染和其他地质灾害，坚持可持续发展。

②普及地球科学知识，提高人们对科学的认识。地质公园是地质科学研究与普及的基地，强调地质遗迹的保护与地质科学研究紧密结合，地质公园的开发与科普教育紧密结合，对公众进行地质科学和环境问题方面的教育。

③开发旅游资源，促进地方经济发展。建立地质公园的主要目的是保护地质遗迹，同时也重视开发，以开发促进保护。遵循开发与保护相结合的原则，协调处理好景区环境效益、社会效益和经济效益之间的关系，协调处理景区开发建设与社会需求的关系，努力创造一个风景优美、设施完善、社会文明、生态环境良好、景观形象和旅游观光魅力独特、人与自然协调发展的地质公园。也就是说，通过地质公园达到既保护地质遗产又促进区域的社会经济可持续发展和文化复兴的目标。

（2）科普教育功能的主要表现

地质公园的三大功能中，科普教育是重要的一项。

①地学科普教育是地球科学发展与人类社会发展的需要。地球科学界在21世纪的使命是：为了全人类的利益去促进地质遗产的保护，并以此支持科学与教育。岩石、矿物、化石、土壤、地形和自然景观，都是地球这颗行星演化的产物和记录，构成了自然世界不可分割的一部

分；植物和动物的分布不仅依赖于气候条件，也取决于地质和地形条件；地质和地形因素对于人类社会和文明也具有深刻的影响。因此，推动地质遗产保护和地学科普教育非常重要。

②地质公园是开展地学科普教育的重要场所。地质公园由一系列具有特殊科学意义、稀有性和美学价值，能够代表每一地区的地质历史、地质事件和地质作用的地质遗址（不论其规模大小）所组成，具有独特的地质学、矿物学、地球物理学、地貌学、古生物学和地理学特征，是进行地学各学科教育、培训和研究的重要基地。

③地质公园具有更广泛的科普教育作用。地质公园不仅具有地质意义，还具有考古、生态学、历史或文化价值。对地质公园须制订大众化环境教育计划和科学研究计划，计划中要确定好目标群体（中小学、大学或广大公众等）、活动内容及后勤支持，进行与地学各学科、更广泛的环境问题和可持续发展有关的环境教育、培训和研究。

遍游世界地质公园

世界地质公园，是由联合国教科文组织组织专家实地考察，并经专家组评审通

过，经联合国教科文组织批准的地质公园。截至2015年底，联合国教科文组织支持的

世界地质公园网络（GGN）共有120个成员，分布在全球33个国家和地区。

世界地质公园的分布

1999年4月，联合国教科文组织第156次常务委员会议提出了建立地质公园计划（UNESCO Geoparks），目标是在全球建立500个世界地质公园，每年拟建20个，并确定中国为建立世界地质公园计划试点国之一。目前，120个世界地质公园中，有46个分布于亚洲的中国、印度尼西亚、日本、韩国、马来西亚、越南等地，有69个分布于欧洲的奥地利、法国、德国、希腊、匈牙利、冰岛、爱尔兰、意大利、挪威、葡萄牙、西班牙、英国等地，有4个分布于美洲的巴西、加拿大、乌拉圭等地，非洲只有1个，位于摩洛哥。详见附录一。

——地学知识窗——

世界地质公园

世界地质公园是在联合国教科文组织地学部领导下建立的一种地质公园评价体系，主要目的是保护地质遗迹、保护自然环境，进行广泛的地球科学教育，开展旅游，促进地方经济的可持续发展。2015年起由联合国教科文组织直接管理。

亚洲的世界地质公园

分布于亚洲的世界地质公园共有46个，其中，中国有33个，日本有8个，印度尼西亚有2个，韩国、马来西亚和越南各有1个。

1. 韩国济州岛地质公园

济州岛是一座火山岛，由一百多万年前就一直发生的火山活动逐渐形成，是韩国最大的岛屿，也是韩国首屈一指的世界级度假休闲地。济州岛面积2 368 km²，2010年入选世界地质公园网络成员。公园主要景点包括汉拿山、城山日出峰、万丈窟、西归浦层贝类化石、天地渊瀑布、中文大浦海岸柱状节理带、山房山、龙头海岸、水月峰。如图2-1所示。

▲ 图2-1 韩国济州岛地质公园

13

2. 日本洞爷火山口-有珠火山地质公园

该地质公园位于日本北海道西南部，2009年入选世界地质公园网络成员。从110 000年的洞爷火山口到10 000～20 000年的有珠山，蕴藏着丰富的地质遗迹。自1663年起，这里的火山喷发多达9次。这块区域的独特性还体现在它的火山活动遗址。如图2-2所示。

3. 马来西亚浮罗交怡岛地质公园

该地质公园位于马来西亚浮罗交怡岛，面积478 km^2，2007年入选世界地质公园网络成员。公园内发育一组砂岩与页岩的交互地层——马青长组，年龄为5.5亿年，被认为是马来西亚最古老的岩石，反映了5.5亿年前沉积过程中的环境变化，表明当时的沉积环境为河流三角洲和浅海环境。公园拥有众多的漂亮海岸类型，如岩石海滩、沙滩、卵石海滩、磨蚀平台、沉积平台、砾石坝、洞穴和残岛等，完美地展示了沉积岩的海岸景观。如图2-3所示。

▲ 图2-2 日本洞爷火山口-有珠火山地质公园

▲ 图2-3 马来西亚浮罗交怡岛地质公园

欧洲的世界地质公园

欧洲共拥有世界地质公园69个，其中西班牙11个、意大利10个、英国6个、德国5个、希腊5个、法国5个、葡萄牙4个、奥地利3个、冰岛2个、挪威2个、爱尔兰2个，匈牙利、克罗地亚、捷克、芬兰、丹麦、德国/波兰、匈牙利/斯洛伐克、爱尔兰/北爱尔兰、荷兰、罗马尼亚、斯洛文尼亚、斯洛文尼亚/奥地利、土耳其、塞浦路斯等各有1个。详见附录二。

1. 奥地利卡尔尼克阿尔卑斯地质公园

该公园位于奥地利和意大利边界的南部，包括两个东西方向约140 km长的山脉——卡尔尼克阿尔卑斯和盖塔阿尔卑斯，山脉被乐萨奇峡谷和其东边的盖塔峡谷分开，总面积约830 km^2，2012年入选世界地质公园网络成员。该公园拥有世界上极少数几个保存了奥陶系至上二叠统连续沉积序列地质遗迹，在盖塔阿尔卑斯山上还发现有奥地利最大的植物化石——硅化木。如图2-4所示。

2. 克罗地亚帕普克地质公园

该公园位于克罗地亚东部斯拉沃尼亚地区，面积336 km^2，2007年入选世界地质公园网络成员。公园内中生代沉积岩含有化石。斯拉沃尼亚山脉最终的构造抬升和持续的剥蚀作用为沉积作用提供了必要的物质来源，这些沉积物厚度超过1 000 m。帕普克复杂的地质作用导致在数个水流峡谷中形成热泉。公园西北部的钠长石流纹岩柱状节理形成了正方形和六边形岩柱地质遗迹，已经作为克罗地亚的第一个地质纪念碑而得以保护。如图2-5所示。

图2-4　奥地利卡尔尼克阿尔卑斯地质公园

图2-5　克罗地亚帕普克地质公园

3. 捷克波西米亚天堂地质公园

该公园位于布拉格东北约100 km处，面积700 km²，2005年入选世界地质公园网络成员。公园地质特征属于捷克白垩纪的石灰岩矿的喀斯特系统之一。伊泽拉河在流经赛米利和图尔诺夫两个城镇的时候形成了一个风景优美的峡谷。峡谷旁森林茂密，独特的岩石矗立两旁，被设立为自然保护区。特罗斯基下的山谷是一处不同寻常的迷人风景区。早在16世纪，人们在这里建立了一个从山谷漫滩和沼泽引流的池塘系统以发展地区经济，形成了一个非同寻常的风景区。如图2-6所示。

▲ 图2-6 捷克波西米亚天堂地质公园

4. 法国普罗旺斯高地地质公园

该公园位于法国东南部普罗旺斯阿尔卑斯山脉和瓦尔省，为高程400～2 960 m的高地，面积2 300 km²，2004年入选世界地质公园网络成员。该地区以农业活动和旅游业为主，旅游重点是休闲、自然风景和人文景观。游客既可专注于化石、构造或沉积露头，也可从历史、景观和植被中享受乐趣。这里还有化石博物馆和地质博物馆。如图2-7所示。

▲ 图2-7 法国普罗旺斯高地地质公园

5. 德国埃菲尔山脉地质公园

该公园位于德国西北部的北部低地与西北部丘陵区之间的过渡带上，面积 1 220 km²，2004年入选世界地质公园网络成员。埃菲尔高地显示出地形平缓的丘陵景观，"V"字形山谷切入古老的泥盆纪沉积物。目前已知有350个火山喷发中心，以其火口湖火山活动而著称。有几个火山以其具有上地幔团块和堆积团块而著称，为典型的玛珥湖区。经过科学研究已揭示出74个火口湖，其中9个火口湖仍然充满了水，其他火口湖含有泥沼，已干涸或被剥蚀出其残留部分。给人印象最深的是3个火口湖，它们相靠在一条古老喷发裂隙上，水位各有不同，其中1个火口湖呈圆形，具有完整的火山口，火口湖直径1 km，最大水深72 m。如图2-8所示。

6. 希腊莱斯沃斯石化森林地质公园

该公园位于爱琴海东北部，面积 1 630 km²，2004年入选世界地质公园网络成员。莱斯沃斯是希腊最大的岛屿之一，形状似树叶。该岛土地肥沃，植被种类繁多，有银白色橄榄树、暗绿色松树、灰绿色橡树和独有的野花。在该岛的西海岸，火山岩与碧蓝的爱琴海汇合在一起，重

图2-8　德国埃菲尔山脉地质公园

重海浪缓缓剥露出远古植物的石化残留物，让人们借此了解一下2 000万年前爱琴海北部火山喷发期间，在一片"火海"中消失的另一个传说中的大西洋。如图2-9所示。

7. 爱尔兰科佩海岸地质公园

该公园位于爱尔兰东南海岸，2004年入选世界地质公园网络成员。公园内出露于峭壁上的黑色页岩揭示该地区曾发生过两次重大火山喷发，火山被来自海洋的生物碎屑物质所覆盖。在海岸周围散布着早期人类居住的遗迹，包括新石器时代的墓石碑坊、铜器时代的墓穴、凯尔特人的防御要塞、公元前的碑铭及中世纪遗迹。如图2-10所示。

⬥ 图2-9 希腊莱斯沃斯石化森林地质公园

⬥ 图2-10 爱尔兰科佩海岸地质公园

——地学知识窗——

世界地质公园的作用

作为一种新的资源利用方式，地质公园已在地质遗迹与生态环境保护、地方经济发展与解决群众就业、科学研究与知识普及、提升原有景区品位和基础设施改造、国际交流和提高全民素质等方面日益显现出巨大的综合效益，充分彰显了地质公园的价值理念，为生态文明建设和地方文化传承做出了重要贡献，成为保护自然生态的标杆、践行生态文明的典范、展示国家形象的名片、促进国际合作的引擎。

8. 意大利阿达梅洛布伦塔地质公园

该公园位于意大利东北部特兰托省，面积1.15 km²，2008年入选世界地质公园网络成员。公园的核心部分由阿达梅洛-普勒桑拉火成岩山脉在特兰托省的一部分以及整个布伦塔-德洛米提山脉组成，拥有阿达梅洛山丘大冰河和壮观的德洛米提山脉布伦塔群（Dolomiti di Brenta）景观，还拥有在阿达梅洛山脉火成岩中形成的重要的冰河与冰缘证据，见证了最后一个冰河时代（LGM，即上次冰期极盛期）和小冰河期（LIA）。此外，无与伦比的地下与地上喀斯特特征展示了德洛米提山脉布伦塔群碳酸盐山丘的特色。如图2-11所示。

9. 西班牙耶罗岛地质公园（加那利群岛自治区）

该公园地处北大西洋加那利群岛西南部，环境优美，面积280 km²。耶罗岛是世界上第一个完全利用可再生能源的岛屿，可谓全世界最为环保的一个小岛，也是当地有名的火山岛。在这里还会发现火山爆发后遗留下来的一些痕迹。如图2-12所示。

▲ 图2-11　意大利阿达梅洛布伦塔地质公园

▲ 图2-12　西班牙耶罗岛地质公园

10. 英国威尔士大森林地质公园

该公园位于南威尔士的布雷肯比肯斯国家公园，面积763 km²，2005年入选世界地质公园网络成员。其主要地质遗迹包括古海洋、造山运动证据，最后一次冰河时期的海平面和气候变化证据，还有瀑布、岩洞及峻峰。园区内保留着200万~1.2万年冰河时代留下的痕迹。如图2-13所示。

11. 英国苏格兰西北高地地质公园

该公园位于苏格兰遥远的西北部，面积2 000 km²，2005年入选世界地质公园网络成员。该公园拥有许多最美丽的山地景观和海岸景观，还有历史与考古遗址：古老文化铁器时代的防御塔、挪威人的住所遗迹、苏格兰岛贵族的相关城堡和房屋。如图2-14所示。

△ 图2-13 英国威尔士大森林地质公园

▽ 图2-14 英国苏格兰西北高地地质公园

美洲和非洲的世界地质公园

美洲共有4个世界地质公园，分别是巴西的阿拉里皮地质公园，加拿大的石锤地质公园、滕布勒岭地质公园，乌拉圭的格鲁塔·德尔·帕拉西奥地质公园；非洲只有1个，即摩洛哥的姆古恩地质公园。

1. 加拿大石锤地质公园

该公园位于加拿大东海岸，是加拿大地质学的诞生之地，面积2 500 km²，2010年入选世界地质公园网络成员。地质公园的岩石记录了从晚前寒武纪到最近冰期几乎所有的地质事件，从最初发现的前寒武纪叠石化石到寒武纪大爆发再到脊椎动物的演化和陆地生物的出现，都能够在这里找到相应的记录。如图2-15所示。

◀ 图2-15　加拿大石锤地质公园

2. 摩洛哥姆古恩地质公园

摩洛哥姆古恩世界地质公园坐落在摩洛哥最高、最大的山系中央高阿特拉斯山脉的中部。公园的地质遗产包括绝妙的矿物学和古生物学特征，例如丰富的兽脚亚目食肉恐龙和蜥脚类恐龙的足迹，侏罗纪时期的石灰岩桥，瀑布和引人注目的砾岩峭壁。这里也有人类自史前时代以来活动的证据，包括岩画和工件。以典型的传统建筑和粮仓为代表的丰富文化遗产，见证了阿马奇格人（柏柏尔人）的存在。

——地学知识窗——

申报世界地质公园的条件

一是已揭牌开园的国家地质公园；

二是必须在国际上具备科学价值和地质遗迹景观；

三是符合联合国教科文组织有关世界地质公园的建设要求和标准；

四是每个省（自治区、直辖市）每年只能申报一个国家地质公园作为世界地质公园的候选地；

五是申报单位所在城市要组成市级领导协调组织，设立具有下设相关管理职能科室的专门组织管理机构。

Part 3 饱览中国地质公园

为配合世界地质公园的建立，我国国土资源部于2000年8月成立了国家地质遗迹保护（地质公园）领导小组及国家地质遗迹（地质公园）评审委员会，制定了有关申报、评选办法。中国国家地质公园是以具有国家级特殊地质科学意义、较高美学观赏价值的地质遗迹为主体，并融合其他自然景观与人文景观而构成的一种独特的自然区域，由国家行政管理部门组织专家审定，由国土资源部正式批准授牌的地质公园。到2015年，中国已批准建立国家地质公园185个，另有57个获得国家地质公园资格。

中国的世界地质公园

中国的世界地质公园包括黄山、五大连池、庐山、云台山、嵩山、张家界、丹霞山、石林、克什克腾、雁荡山、泰宁、兴文石海、泰山、王屋山-黛眉山、伏牛山、雷琼、房山、镜泊湖、龙虎山、自贡、阿拉善、秦岭终南山、乐业-凤山、宁德、天柱山、香港、三清山、神农架、延庆、昆仑山、大理苍山、织金洞、敦煌等33个。详见附录三。

1. 地质剖面类地质公园

地质剖面类的世界地质公园内，拥有具有全球对比意义的典型地质剖面，如泰山、庐山、嵩山、王屋山-黛眉山等。

（1）庐山世界地质公园

该公园位于江西省北部，面积500 km²，公园内发育有地垒式断块山与第四纪冰川遗迹，以及第四纪冰川地层剖面和早元古代星子岩群地层剖面。迄今为止，在庐山共发现一百余处重要冰川地质遗迹，完整地记录了冰雪堆积、冰川形成、冰川运动、侵蚀岩体、搬运岩石、沉积泥砾的全过程，是中国东部古气候变化和地质特征的历史记录。如图3-1所示。

（2）王屋山-黛眉山世界地质公园

该公园位于河南省济源市西部和新安县北部，面积约567 km²，是一座以典型地质剖面、地质地貌景观为主，以古生物化石、水体景观和地质工程景观为辅，以生态和人文相互辉映为特色的综合型地质公园。公园由王屋山地、黄河谷地、黛眉山地三个地貌单元组成，出露太古宇至新生界地层。如图3-2所示。

2. 地质构造类地质公园

地质构造类世界地质公园内，拥有具有区域性、控制性地质构造，具有代表性和科学性，如神农架、南阳伏牛山、秦岭终南山、大理苍山等。

（1）神农架世界地质公园

该公园位于湖北省神农架的西南部，包括神农架国家级自然保护区及其周边地区，公园面积1 022.72 km²，由神

▲　图3-1　庐山世界地质公园

▲　图3-2　王屋山-黛眉山世界地质公园

农顶、官门山、天燕垭、大九湖和老君山五大园区组成。它历经19亿年地质变迁，拥有独特的晚前寒武系地层、典型的断穿构造、第四纪冰川遗迹等。如图3-3所示。

（2）秦岭终南山世界地质公园

该公园位于秦岭中段，总面积1 074.85 km²，以秦岭造山带地质遗迹、第四纪地质遗迹、地貌遗迹和古人类遗迹为特色，地处中国南北大陆板块碰撞拼合的主体部位，是中国南北天然的地质、地理、生态、气候、环境乃至人文的分界线，有"中国天然动物园""亚洲天然植物园"之称。如图3-4所示。

◀ 图3-3　神农架世界地质公园

◀ 图3-4　秦岭终南山世界地质公园

（3）大理苍山世界地质公园

该公园位于云南大理白族自治州大理市、漾濞县和洱源县接壤地带，总面积519.9 km²，最高海拔4 122 m。该地质公园所处的大理苍山是国际著名的第四纪末次冰期"大理冰期"的命名地，是亚洲大陆第四纪末次冰川作用的最南部山地之一。苍山是孕育了20亿年的"天然地质史书"，特殊的地质、地理、地貌造就了山水相映，风、花、雪、月、石共存的自然景观组合。如图3-5所示。

3.古生物类地质公园

古生物类世界地质公园内，拥有世界少有的著名古生物化石群遗迹、遗址，如房山、自贡等。

（1）房山世界地质公园

由北京市房山区与河北省涞水县、涞源县联合创建，总面积953.95 km²，集合了周口店、石花洞、十渡等8大园区，是全球第一个首都城市世界地质公园。公园集山、水、林、洞、寺、峰林、峡谷及古人类、古生物、北方岩溶地貌、地下岩溶洞穴、燕山内陆造山和丰厚的人文积淀于一体。如图3-6所示。

（2）自贡世界地质公园

该公园位于四川省南部历史文化名城自贡市境内，有"千年盐都、恐龙之乡、南国灯城"之美誉，由大山铺恐龙化石群遗迹园区、荣县青龙山恐龙化石群遗迹园区和自贡盐业科技园区组成，总面积56.6 km²。公园以闻名中外的中侏罗世恐龙化石群遗迹为主体，恐龙化石数量丰富，种类众多，埋藏集中，保存完整，为世界罕见。如图3-7所示。

▲ 图3-5 大理苍山世界地质公园

▲ 图3-6 房山世界地质公园

▲ 图3-7 自贡世界地质公园

4. 地貌景观类地质公园

包括花岗岩岩石地貌（如黄山、克什克腾、宁德、天柱山、三清山）、喀斯特地貌（如云南石林、兴文石海、乐业－凤山、贵州织金洞、延庆）、丹霞地貌（如广东丹霞山、湖南张家界、泰宁、龙虎山）、火山岩地貌（如五大连池、雁荡山、雷琼、香港）、云台地貌（如云台山）、沙漠地貌（如阿拉善沙漠）等。

（1）黄山世界地质公园

该公园雄踞风光秀丽的皖南山区，面积约1 200 km²，是以中生代花岗岩地貌为主要特征的地质公园。公园拥有典型花岗岩地貌、第四纪冰川遗迹、水文地质遗迹等多种地质遗迹资源，与黄山文化等人文景观资源及丰富的动植物资源构

成了一座集山、水、人文、动植物为一体的大型花岗岩区天然博物馆。黄山以奇松、怪石、云海"三奇"和丰富的水景以及它们的相互组合表现其特质，显示了黄山天然的完美和谐。如图3-8所示。

（2）克什克腾世界地质公园

该公园位于内蒙古赤峰市克什克腾旗，面积为1 343 km²，以第四纪冰臼群和晚侏罗世花岗岩石林地貌及地质构造为主要特色。自第四纪（距今约175万年）以来发育过多期古冰川，遗留下来世界上罕见的大型古冰臼群，还有冰斗、冰川"U"形谷、冰川条痕石、侧碛、终碛堤等古冰川遗迹。如图3-9所示。

图3-8　黄山世界地质公园

图3-9　克什克腾世界地质公园

（3）三清山世界地质公园

该公园位于江西省上饶市境内，面积229.5 km²。公园内峰峦、峰墙、峰丛、石林、峰柱、石锥、峡谷、崖壁及丰富的造型石等花岗岩微地貌标型齐全、特征典型、保存完整，这种特有的微地貌集群称为"三清山式"花岗岩地貌组合，记录和保存了地球中新生代以来地壳形成演化的历史，特别是完整记录与系统出露了三清山花岗岩地貌形成演化相关的内外地质作用过程，可谓花岗岩微地貌的天然博物馆。如图3-10所示。

（4）云南石林世界地质公园

该公园位于云南省石林县境内，面积400 km²，是一个以石林地貌景观为主题的岩溶地质公园，具有最为多样的石林喀斯特形态。世界各地最为典型的石林喀斯特形态在这里都可以找到，不仅有发育完美的剑状、刃脊状喀斯特，还有蘑菇状、塔状等形态，可谓集石林景观之大成，堪称"石林喀斯特博物馆"，具有极高的科学和美学价值。如图3-11所示。

▲ 图3-10　三清山世界地质公园

▲ 图3-11　云南石林世界地质公园

（5）贵州织金洞世界地质公园

该公园位于贵州西部织金县境内，面积170 km²，由地下天宫中心景区、东风湖景区、织金古城景区和碧云湖景区组成。公园以岩溶地质地貌景观为特征，除洞体巨大、钙华堆积物类型多样性高、造型独特优美（如罕见的高大棕榈状石柱）的织金洞外，还有峰丛、峰林、孤峰、残丘、溶柱、天坑、岩溶峡谷、岩溶湖泊、涌泉、暗河、天生桥、穿洞等地貌景观。如图3-12所示。

▲　图3-12　贵州织金洞世界地质公园

——地学知识窗——

岩溶地貌

　　岩溶地貌又称喀斯特地貌（Karst landform），是具有溶蚀力的水对可溶性岩石（大多数为石灰岩）进行溶蚀作用等所形成的地表和地下形态的总称。除岩溶作用外，还包括流水的冲蚀、潜蚀，以及坍塌等机械侵蚀过程。

　　"喀斯特"一词源自前南斯拉夫西北部伊斯特拉半岛碳酸盐岩高原的名称，意为岩石裸露的地方，喀斯特地貌因近代喀斯特研究发轫于该地而得名。

（6）湖南张家界世界地质公园

该公园位于湖南张家界市，面积3 600 km²，主要地质遗迹类型为砂岩峰林地貌、岩溶洞穴。园区内有3 000多座拔地而起的石崖，其中高度超过200 m的有1 000多座，金鞭岩竟高达350 m，石峰形态各异、优美壮观。这样的砂岩地貌世界仅有两处。如图3-13所示。

（7）广东丹霞山世界地质公园

该公园位于广东省韶关市，面积292 km²。丹霞山山体主要由晚白垩世的红色河湖相沙砾岩组成，以赤壁丹崖为特色，看去似赤城层层、云霞片片，古人取"色如渥丹，灿若明霞"之意，称之为丹霞山。世界上由红色陆相沙砾岩构成的以赤壁丹崖为特色的一类地貌均被称为丹霞地貌。丹霞山便是这类特殊地貌的命名地。如图3-14所示。

▲ 图3-13　张家界世界地质公园

▲ 图3-14　广东丹霞山世界地质公园

（8）龙虎山世界地质公园

该公园位于江西省鹰潭市，面积996.63 km²，是一处以丹霞地貌景观为主，兼有火山岩地貌、层型剖面、沉积构造、断裂构造、多级夷平面等多种地质遗迹资源的综合性地质公园。公园内的丹霞地貌景观典型、奇特稀有，形成过程系统、完整，保存有方山石寨、赤壁丹崖、峰林、峰丛、石梁、石墙、石柱、石峰、洞穴等丹霞地貌类型23种之多。该地质公园的人文景观和历史文化遗迹极为丰富，文化底蕴深厚。2 600多年前的"古越族"崖墓群堪称"中华之最"，至今仍是个"千古之谜"。如图3-15所示。

（9）甘肃敦煌世界地质公园

该公园位于甘肃省敦煌市，由雅丹景区、鸣沙山月牙泉景区、自然景观游览区和文化遗址游览区组成，公园总面积2 067.2 km²。雅丹景区主要以雅丹地貌、戈壁沙漠地貌、断层构造与沉积构造为主，鸣沙山月牙泉景区主要以沙漠湖泊、各种沙丘为主。稀有而典型的地质地貌景观，独特的自然风光，弥足珍贵的人文历史遗址，构成了敦煌地质公园最鲜明的特色，使敦煌地质公园成为地质科学考察、历史文化溯源、沙漠戈壁探险和休闲度假旅游的胜地。如图3-16所示。

▲ 图3-15　龙虎山世界地质公园

图3-16　甘肃敦煌世界地质公园

（10）五大连池世界地质公园

该公园位于黑龙江省五大连池市，面积720 km²，主要地质遗迹类型为火山地质地貌类，是中国著名的第四纪火山群。园区内12座火山形成于1 200万～100万年的地质时期，2座火山喷发于1719～1721年，是中国最新的火山之一。区内火山锥体拔地而起，锥体中的火山保存完整，熔岩流长达10余千米，阻塞河流，形成5个串珠状湖泊——五大连池。熔岩地貌有世界稀有的火山喷气锥、喷气碟，有典型的绳状熔岩、翻花状熔岩及各种具有极高美学价值的象形熔岩、火山弹、浮石、熔岩隧道等。如图3-17所示。

（11）中国香港世界地质公园

该公园位于香港新界东部及东北部一带，包括新界东北沉积岩和西贡东部火山岩两大园区共8大景区，面积49.85 km²，拥有世界一流的酸性火山岩柱，展现了古

生代沉积作用的历史。火山岩柱为含硅质较高的酸性流纹火山岩，海岸作用在此形成了多种侵蚀和沉积地貌。如图3-18所示。

（12）雷琼海口火山群世界地质公园

该公园位于海南省海口市，面积108 km²。公园主体为40座火山构成的第四纪火山群，属地堑—裂谷型基性火山活动地质遗迹，也是中国为数不多的全新世（距今1万年）火山喷发活动的休眠火山群之一。火山类型既有岩浆喷发而成的碎屑锥、熔岩锥、混合锥，又有岩浆与地下水相互作用形成的玛珥火山。绳索状、扭曲状、珊瑚状火山熔岩发育。在火山锥、火山口及玄武岩台地上生长着热带雨林植物1 200多种，保存有千百年来人们利用玄武岩所建的古村落、石屋、石塔和各种生产、生活器具。如图3-19所示。

◀ 图3-17　五大连池世界地质公园

◀ 图3-18　香港世界地质公园

▲ 图3-19　雷琼海口火山群世界地质公园

（13）云台山世界地质公园

该公园位于太行山南麓，河南省焦作市北部，面积556 km²，有云台山、神农山、青龙峡、峰林峡和青天河5大园区。公园完整地保存了中元古代、古生代海洋环境的沉积遗迹。公园内群峡间列、峰谷交错、悬崖长墙、崖台梯叠的"云台地貌"景观，是以构造作用为主，与自然侵蚀共同作用形成的特殊景观，是地貌类型中的新类型，既具有美学观赏价值，又具有典型性。如图3-20所示。

（14）阿拉善沙漠世界地质公园

该公园位于中国内蒙古自治区最西部，属阿拉善盟管辖。地质公园面积630.37 km²，由腾格里、巴丹吉林和居延3个园区10个景区组成。主要地质遗迹类型包括沙漠景观（巴丹吉林沙漠、腾格里沙漠）、戈壁景观（额济纳戈壁）、峡谷景观（敖伦布拉格峡谷、额日布盖峡谷、骆驼瀑布）和风蚀地貌景观（海森楚鲁风蚀地貌）等。如图3-21所示。

◀ 图3-20 云台山世界地质公园

▲ 图3-21 阿拉善沙漠世界地质公园

5. 水体景观类地质公园

镜泊湖世界地质公园位于黑龙江省东南部宁安市境内，牡丹江中上游。园区面积1 400 km²，划分为7个地质遗迹景区和古渤海国景区、骑驭探险景区。在距今12 000年到5 140年曾有多次火山喷溢活动，熔岩浆堵塞了牡丹江古江道，形成了世界第一大火山熔岩堰塞湖——镜泊湖，留下了典型、稀有、系统、完整的火山地质遗迹景观，风光旖旎的水体景观及峡谷湿地等自然地质景观。如图3-22所示。

图3-22　镜泊湖世界地质公园

——地学知识窗——

岱崮地貌

岱崮地貌是指以岱崮为代表的山峰顶部平展开阔如平原、峰巅周围峭壁如刀削、峭壁以下是逐渐平缓的山坡地貌景观，在地貌学上属于地貌形态中的桌形山或方形山，因而被称为"方山地貌"。崮是山东独有的一种特异地貌景观，山东省临沂市蒙阴县岱崮镇有着全国最集中的崮形地貌，中国地理学会据此将原称"方山地貌"正式更名为"岱崮地貌"。

中国的国家地质公园

中国国家地质公园于1989年正式启动，国土资源部在2000年8月正式建立国家地质公园的申报和评审机制，2009年开始对国家地质公园实行资格授予和批准命名分开审核的申报审批方式。截至2015年，全国共有185处批准建立（命名）的国家地质公园（包括1处公告设立于香港特别行政区的国家级地质公园），另有57处获得国家地质公园资格的单位。详见附录四。

1. 地质剖面类地质公园

著名的有山西五台山、天津蓟县、河北阜平天生桥等国家地质公园。

（1）五台山国家地质公园

该公园位于山西省东北部的忻州市五台县与繁峙县接壤之处，属太行山支脉，面积643 km²，2005年8月被国土资源部批准为第四批国家地质公园。五台山主峰北台顶海拔3 058 m，为华北最高峰。主峰区由5个平台状山峰组成，故称"五台山"。公园为我国前寒武纪地质经典地区之一，是新太古代—古元古代时期中国"五台群""滹沱群"、五台运动、铁堡运动和中—新生代北台期夷平面等重要地质单位和构造事件命名地。如图3-23所示。

（2）天津蓟县国家地质公园

该公园位于天津市蓟县北部，主要地质遗迹为中新元古代地层剖面和古生物化石，2002年2月被国土资源部批准为第二批国家地质公园。蓟县中新元古代地层剖面以其岩层齐全、出露连续、保存完好、构造简单、顶底界限清楚、变质极浅而著称。地层剖面代表了距今18亿～8亿年前长达10亿年的地质历史中连续沉积的一套完整过程，为国家级标准剖面。地层中化石丰富，特别是宏观藻多细胞生物化石。如图3-24所示。

▲ 图3-23 五台山国家地质公园

▲ 图3-24 天津蓟县国家地质公园

（3）河北阜平天生桥国家地质公园

该公园位于河北省阜平县城西25 km，2002年2月被国土资源部批准为第二批国家地质公园，以25亿年前的太古界阜平群标准剖面和天生桥瀑布群等地质地貌景观为特色。天生桥瀑布群由9级瀑布组成，天生桥桥面坐落在112 m的第9级瀑布顶面。主体岩石是最初形成于距今约25亿年的片岩、片麻岩、花岗片麻岩等。后来地壳抬升至地表，被流水侵蚀冲刷，形成悬崖、瀑布、天生桥。如图3-25所示。

2. 地质构造类地质公园

著名的有安徽大别山（六安）、湖北大别山（黄冈）、河南小秦岭、四川龙门山等国家地质公园。

（1）安徽大别山（六安）国家地质公园

安徽大别山（六安）国家地质公园横

亘鄂、豫、皖三省交界处，园内白马尖（海拔1 774 m）是大别山第一峰，天堂寨（海拔1 729.1 m）是大别山第二峰。大别山作为一道天然屏障，成为长江和淮河两大水系的分水岭，2005年8月被国土资源部批准为第四批国家地质公园。该地质公园包括天堂寨、铜锣寨、白马尖、佛子岭、东石笋、万佛湖、万佛山和嵩寮岩等园区，以花岗岩地貌景观、大别山超高压高温构造变质带及其所形成的构造形迹景观和岩石矿物为特征，兼有水体景观和人文景观。如图3-26所示。

（2）湖北大别山（黄冈）国家地质公园

位于湖北省黄冈市，面积422.84 km²，2009年8月被国土资源部批准为第五批国家地质公园。主要地质遗迹为典型的变质地层剖面和古老的变质深成花岗岩

🔺 图3-25 阜平天生桥国家地质公园

（TTG岩系）、花岗岩地貌景观、超高压变质带、蛇绿混杂岩带、构造形迹、水体景观。园区内拥有木子店（岩）组、大别山群、"红安岩群"等的标准剖面和露头；新太古代TTG岩系（距今约28亿年），是大别山地区原始造陆花岗岩；在英山县杨树堰一带的超高压变质带、蛇绿混杂岩带为华北板块与华南板块的天然分界线。如图3-27所示。

▲ 图3-26　安徽大别山（六安）国家地质公园

▲ 图3-27　湖北大别山（黄冈）国家地质公园

（3）河南小秦岭国家地质公园

该公园位于河南省灵宝市境内，面积123.97 km²，2009年8月被国土资源部批准为第五批国家地质公园。公园是以花岗岩地貌、变质岩地貌、流水地貌、黄土地貌为主体的构造地貌类地质公园。河南之巅变质核杂岩及花岗岩地貌园区以变质岩、花岗岩地貌为主，变质地貌岩石主要为杨砦峪灰色片麻岩和四范沟片麻状花岗岩；娘娘山园区以花岗岩地貌、流水地貌景观和水体景观为主，造景岩石主要为燕山期花岗岩；黄河湿地及黄土地貌园区以黄河湿地、黄土地貌为主。如图3-28所示。

△ 图3-28　河南小秦岭国家地质公园

（4）四川龙门山国家地质公园

该公园位于四川省彭州与绵竹之间的龙门山地区，面积251 km²，2001年3月被国土资源部批准为首批国家地质公园。其主要地质遗迹类型为推覆构造（飞来峰）、"冰川漂砾"、地层剖面，其他地学景观还有古生物化石产地，与推覆构造相伴产生的多种构造形迹、葛山峡谷、冰川遗迹、温泉、优质矿泉水、花岗岩奇峰、现代地震遗迹等。如图3-29所示。

△ 图3-29　四川龙门山国家地质公园

3. 古生物类地质公园

该类地质公园包括贵州关岭、辽宁朝阳、四川射洪、云南澄江、新疆奇台、浙江新昌、重庆綦江等国家地质公园。

（1）贵州关岭化石群国家地质公园

该公园位于贵州省关岭布依族苗族自治县，2004年3月被国土资源部批准为第三批国家地质公园。公园内的古生物生活于距今2.2亿年前三叠纪的海湾，主要包括鱼龙、海龙（图3-30）、鳍龙、盾齿龙等海生爬行动物，还有千姿百态的海百合、菊石、双壳类、牙形石、鹦鹉螺、腕足类及古植物化石。海生爬行动物化石和海百合化石数量之巨大、种类之众多、保存之精美、形态之奇特，为全球同期地层所罕见。

──地学知识窗──

化石

化石是古代生物的遗体、遗物或遗迹埋藏在地下变成的跟石头一样的东西。研究化石可以了解生物的演化并能帮助确定地层的年代。保存在地壳岩石中的古动物或古植物的遗体或表明有遗体存在的证据都谓之化石，如恐龙化石、三叶虫化石、鱼化石、植物化石等。

🔺 图3-30 贵州关岭化石群国家地质公园中的海龙化石

（2）辽宁朝阳鸟化石国家地质公园

该公园位于辽宁省朝阳市，2004年3月被国土资源部批准为第三批国家地质公园。主要地质遗迹为古生物化石、含化石地层、地质构造。由上河首古生物化石园区、四合屯古生物化石园区、凌源大杖子园区（均为著名的"热河生物群"化石的主要产地）和凤凰山园区及槐树洞风景区组成。朝阳市中生代古生物化石十分丰富，迄今为止已发现了最早的鸟类化石（图3-31）和开花的植物化石，在国际上具独特性、完整性、稀有性，是世界级的古生物化石宝库。

（3）新疆奇台硅化木—恐龙国家地质公园

该公园位于新疆维吾尔自治区奇台县城以北150 km的将军戈壁中，2004年3月被国土资源部批准为第三批国家地质公园。以古生物化石、地质地貌遗迹为主。在长5 km、宽2.33 km的狭长冲沟地带，出露近千棵硅化木（图3-32），最长的一棵为26 m。树种以柏型木为主，伴有原始云杉和南美杉等。树龄一般在数百年至千年不等。公园内还有恐龙化石及造型奇特的雅丹地貌景观。

图3-31　辽宁朝阳鸟化石国家地质公园中的鸟化石

图3-32　新疆奇台硅化木—恐龙国家地质公园中的硅化木化石

（4）重庆綦江木化石—恐龙国家地质公园

该公园位于重庆市綦江县，面积108 km²，2009年8月被国土资源部批准为第五批国家地质公园。其主要地质遗迹为古生物化石、红层地貌、沉积构造、水体景观。木化石为松柏类植物，恐龙遗迹化石的主要类型有恐龙足迹、皮肤和毛发的印痕等，遗迹化石保存完整；公园红层地貌由侏罗纪、白垩纪红色沙砾岩层组成。如图3-33所示。

△ 图3-33 重庆綦江木化石—恐龙国家地质公园

4. 地貌景观类地质公园

花岗岩岩石地貌如安徽池州九华山、广西浦北五皇山、河南嵖岈山、安徽祁门牯牛降等地质公园。

（1）安徽祁门牯牛降国家地质公园

该公园位于安徽省祁门县境内，2004年3月被国土资源部批准为第三批国家地质公园。公园内有燕山期多期次侵入的复式花岗岩岩体构成的花岗岩峰丛地貌，有流水冲蚀形成的花岗岩洞穴，有泉、江、瀑布等水体景观，有青白口地层剖面等。牯牛降花岗岩有两种岩性：早期为中粒花岗岩，易风化；主体期为似斑状花岗岩，岩石坚硬，形成众多的花岗岩奇峰、怪石。如图3-34所示。

△ 图3-34 安徽祁门牯牛降国家地质公园

（2）河南嵖岈山国家地质公园

该公园位于河南省遂平县西伏牛山东缘余脉，平均海拔600 m，地质遗迹为典型花岗岩地貌景观山体，由密蜡山、南山、北山、六峰山及天磨湖、琵琶湖、秀蜜湖、百花湖景区组成，2004年3月被国土资源部批准为第三批国家地质公园。山体主要为距今1.4亿～1.2亿年的燕山期花岗岩，形成的地貌景观被命名为"（低山）塔峰嵖岈山型花岗岩地貌景观"。如图3-35所示。

图3-35　河南嵖岈山国家地质公园

5. 喀斯特地貌景观类地质公园

喀斯特地貌景观类地质公园如安徽淮南八公山、广东封开、广东阳山、广西宜州、广西大化七百弄、贵州绥阳、贵州六盘水、河北阜平、湖北恩施、湖南湄江、重庆云阳、重庆武隆等地质公园。

（1）广东封开国家地质公园

该公园位于广东省西北部肇庆市封开县，2005年8月被国土资源部批准为第四批国家地质公园。公园内的燕山期花岗岩构成了巨大圆丘形地貌景观，古生代碳酸盐岩构成的岩溶地貌景观、泥盆纪石英砂岩形成的张家界型砂岩柱状峰林地貌景观，浓缩了粤西5亿年的沧桑巨变，记录了岭南古人类的演化历史。如图3-36所示。

图3-36　广东封开国家地质公园

（2）广西大化七百弄国家地质公园

该公园位于广西壮族自治区大化瑶族自治县七百弄乡、板升乡境内，2009年8月被国土资源部批准为第五批国家地质公园。主要地质遗迹为岩溶高峰、丛深洼地、峡谷、溶洞和水体景观。公园有深浅不同的洼地2 566个，是世界上最密集的峰丛洼地分布区；板兰峡谷地貌奇险、坡陡、峰高；地苏地下暗河水系由15条支流组成，为我国特大型地下暗河。如图3-37所示。

▲ 图3-37 广西大化七百弄国家地质公园

（3）湖北恩施腾龙洞大峡谷地质公园

该公园位于湖北省利川市、恩施市境内，面积223.94 km²。其沿清江河谷东西方向延伸48.37 km，以清江河谷和清江伏流为中轴线南北向宽5～8 km，共分6个园区：腾龙洞园区、龙门园区、黑洞园区、雪照河园区、七星寨园区、恩施大峡谷园区。腾龙洞洞穴系统包括腾龙洞旱洞和清江伏流地下河洞穴的全部洞道。如图3-38所示。

（4）重庆云阳龙缸国家地质公园

该公园位于重庆市云阳县境内，2005年8月被国土资源部批准为第四批国家地质公园。地势总体上南高北低，海拔1 625 m的七曜山脉横亘其中，与景区最低处黄陵峡谷底相差竟达1 400 m。主要地质景观有龙缸岩溶天坑、石笋河与老龙口峡谷等。如图3-39所示。

◀ 图3-38　湖北恩施腾龙洞
大峡谷国家地质公园

◀ 图3-39　重庆云阳龙缸国
家地质公园

（5）北京石花洞国家地质公园

该公园位于北京西山大石河流域中游地区的低山谷地，2002年2月被国土资源部批准为第二批国家地质公园。由发育于寒武系、奥陶系石灰岩中的石花洞与银狐洞构成。石花洞为多层多枝的层楼式结构，共分7层，1～5层为旱洞，洞道全长5 000 m，第6、7层为地下暗河及充水型洞穴。银狐洞为一单层含地下河溶洞。两洞的次生化学沉积物丰富，前者以月奶石及大量石花为特征，后者以由银白色的针状钙质毛刺构成的形似"倒挂银狐"的景观为特征。如图3-40所示。

图3-40 北京石花洞国家地质公园

（6）福建宁化天鹅洞群国家地质公园

该公园位于福建省西部宁化县境内，面积42.6 km²，2004年3月被国土资源部批准为第三批国家地质公园。地质遗迹以溶洞为主，在16 km²范围内的核心区，发育了上百个岩溶洞穴，洞穴化程度相当高。还拥有白垩纪河蚌化石、龟类化石、更新世古脊椎动物化石、古人类遗迹和丹霞地貌景观。如图3-41所示。

（7）贵州思南乌江喀斯特国家地质公园

该公园位于贵州省思南县，面积96.99 km²，2009年8月被国土资源部批准为第五批国家地质公园。公园以奥陶系和二叠系灰岩形成的喀斯特地貌景观为特色，地表和地下喀斯特都很发育，构成一个完整的喀斯特体系。如图3-42所示。

（8）山西宁武万年冰洞国家地质公园

该公园位于山西省宁武县境内吕梁山脉北段的芦芽山中，2005年8月被国土资源部批准为第四批国家地质公园。其主要地质景观为发育在奥陶纪马家沟灰岩溶洞中的冰洞、山区湖泊等。冰洞洞口海拔2 220 m，深达85 m。洞内四壁皆为波状起伏的层状冰，有自然形成的冰柱、冰帘、冰瀑布、冰花、冰锥、冰钟乳、冰笋等，十分罕见。如图3-43所示。

51

◀ 图3-41　福建宁化天鹅洞群
　　国家地质公园

◀ 图3-42　贵州思南乌江喀斯
　　特国家地质公园

◀ 图3-43　山西宁武万年冰洞
　　国家地质公园

（9）陕西柞水溶洞国家地质公园

该公园位于秦岭南麓的柞水县，是以溶洞、峡谷、瀑布、古生物化石等地质遗迹景观为主体，辅以丰富的生态景观和人文景观，集科学和美学价值于一体的大型综合性地质公园。公园总面积140 km²，由3个园区组成：柞水溶洞—泥盆系岩相剖面园区、九天山园区、凤凰古镇园区。柞水溶洞是中国西北内陆罕见的最大、最集中的溶洞。如图3-44所示。

▲ 图3-44　陕西柞水溶洞国家地质公园

（10）云南九乡峡谷洞穴国家地质公园

该公园位于云南省宜良县，面积53.76 km²，2009年8月被国土资源部批准为第五批国家地质公园，以发育于元古宙碳酸盐岩中的巨大溶洞群、峡谷群和古人类遗存为特色。九乡溶洞有垂直溶洞、倾斜溶洞、水平溶洞。从北至南沿河床纵剖面可分出6个溶洞群：比柯大沙坝溶洞群、三脚洞溶洞群、黄家麦地冲—天生桥溶洞群、麦田—大洞溶洞群、叠虹桥溶洞群和盲鱼洞溶洞群。张口洞古人类遗存经多次发掘，已获晚期智人牙化石40余枚，33种哺乳动物化石近2 000件，石制品1 800多件及大量炭屑。如图3-45所示。

▲ 图3-45　云南九乡峡谷洞穴国家地质公园

6. 典型丹霞地貌景观类地质公园

典型丹霞地貌景观类地质公园如甘肃永靖、甘肃景泰、甘肃天水、甘肃张掖、广西资源、贵州赤水、湖南郴州、湖南酒埠江、湖南崀山、青海贵德、陕西耀州照金、新疆吐鲁番、福建永安、福建连城、新疆库车等国家地质公园。其他典型丹霞地貌景观类公园如安徽齐云山、河北赞皇、河南关山、黑龙江伊春、湖南平江、湖南通道、吉林乾安、宁夏西吉、青海尖扎、陕西洛川、四川江油、西藏札达、云南玉龙、浙江临海等国家地质公园。

（1）甘肃张掖丹霞国家地质公园

该公园位于甘肃省张掖市的肃南县和临泽县境内，公园总面积529 km²，2011年12月被国土资源部批准获得国家地质公园建设资格，是以典型的高寒干旱型丹霞地貌和色彩丘陵地貌为主体的大型地质公园。此外，区内中部小青龙沟发育石炭纪海陆交互相沉积，地层中产出丰富的珊瑚、菊石和羊齿类动植物化石，特别是纳缪尔期菊石带和植物化石带连续而完整，成为海陆交互相石炭纪地层古生物研究的经典剖面。如图3-46所示。

（2）陕西耀州照金丹霞国家地质公园

该公园位于陕西省铜川市西南，面积60.81 km²，2011年12月被国土资源部批准获得国家地质公园建设资格。园区以下白垩统宜君组紫灰、棕红色和紫红色巨厚层砾岩，受流水侵蚀、重力崩塌和风力作用形成的方山、石墙、石峰、石柱、石鼓、峰谷、洞穴等地质遗迹为主体，形成丹霞地貌景观。作为黄土高原地区的宜君砾岩丹

◀ 图3-46　甘肃张掖丹霞国家地质公园

霞地质遗迹，对研究北方半干旱地区丹霞地貌发育特征、演化过程，分析黄土高原地貌与丹霞地貌的关系具有科学价值。如图3-47所示。

（3）湖南酒埠江国家地质公园

该公园位于湖南省攸县东部，湘赣交界的罗霄山脉中段西侧，2005年8月被国土资源部批准为第四批国家地质公园。主要地质遗迹包括古生代碳酸盐岩构成的溶洞、地下河、天坑、峡谷、天生桥、瀑布、古生物化石等。如图3-48所示。

——地学知识窗——

丹霞地貌

丹霞地貌是指产状水平或平缓的层状铁钙质混合不均匀胶结而成的红色碎屑岩，受垂直或高角度解理切割，并在差异风化、重力崩塌、流水溶蚀、风力侵蚀等综合作用下形成的有陡崖的城堡状、宝塔状、针状、柱状、棒状、方山状或峰林状的地貌特征。丹霞地貌主要分布在我国西北部及西南部。

图3-47　陕西耀州照金丹霞国家地质公园

图3-48　湖南酒埠江国家地质公园

（4）贵州赤水丹霞国家地质公园

该公园位于贵州省赤水市，面积134.57 km²，2011年12月被国土资源部批准获得国家地质公园建设资格。公园以丹霞地貌为主，区内峡谷幽深、红崖绝壁、溪流飞瀑，属于青年早期的丹霞，也是丹霞最美的阶段。如图3-49所示。

（5）新疆吐鲁番火焰山国家地质公园

该公园位于新疆维吾尔自治区吐鲁番市境内，面积290 km²，2011年12月被国土资源部批准获得国家地质公园资格。公园是以火焰山碎屑岩地貌景观为主体，融地质构造景观、流水地貌景观、地质剖面景观、水体景观等地质遗迹和西域古老文明于一体的综合性地质公园。如图3-50所示。

◀ 图3-49 贵州赤水丹霞国家地质公园

◀ 图3-50 新疆吐鲁番火焰山国家地质公园

（6）河北赞皇嶂石岩国家地质公园

该公园位于河北省石家庄市赞皇县，地处太行山主脉中段槐河上游，2004年3月被国土资源部批准为第三批国家地质公园。公园内最为典型的是嶂石岩地貌和元古宙长城系砂岩中的层理与层面构造。嶂石岩是太行山脉中段高峰之一，海拔1 774 m。嶂石岩地貌以长而陡的崖壁和发育于支沟与崖壁相会处的弧形瓮状谷为特征，是因太行山前深断裂和沿断裂快速提升，受水流侵蚀、崩塌等综合作用而形成的地貌景观态。如图3-51所示。

▲ 图3-51　河北赞皇嶂石岩国家地质公园

（7）河南关山国家地质公园

该公园位于太行山南端，河南省辉县市上八里镇境内，面积34 km²，2005年8月被国土资源部批准为第四批国家地质公园。公园以元古宙石英砂岩断崖、峡谷、瓮谷，古生代碳酸盐岩峰丛、峰林，以及三级台地为典型代表的构造地貌景观为特色。如图3-52所示。

▲ 图3-52　河南关山国家地质公园

（8）吉林乾安泥林国家地质公园

该公园位于吉林省乾安县，面积112.9 km²，2009年8月被国土资源部批准为第五批国家地质公园。其主要地质遗迹为第四系泥质粉砂岩构成的泥林地貌景观和古生物化石。泥林发育于大布苏湖东侧，沟壑纵横，叠峦起伏，泥柱如林，连峰接岭，土壁陡峭，形态各异。已发现脊椎动物化石6目12科18属19种，其中现生种12种，绝灭种7种，均为东北地区晚更新世猛犸象–披毛犀动物群的组成成分。如图3-53所示。

（9）湖南通道万佛山国家地质公园

该公园位于湖南省通道侗族自治县，面积50 km²，是近年来我国乃至世界范围内发现的品相较为罕见的特大型丹霞地貌群。这里"万座丹峰拥翠环"，融峰、林、洞、水于一体，集雄、险、峻、秀于一身，一步一景，被誉为"绿色万里长城"。如图3-54所示。

图3-53 吉林乾安泥林国家地质公园

图3-54 湖南通道万佛山国家地质公园

（10）宁夏西吉火石寨国家地质公园

该公园位于宁夏回族自治区西吉县北部的火石寨乡境内，2004年3月被国土资源部批准为第三批国家地质公园。公园属红色砂岩地貌景观类型，有丹崖、丹峰、怪石等奇特景观，高耸突兀于黄土高原之上，是中国北方重要的红色砂岩地貌景观。如图3-55所示。

（11）青海尖扎坎布拉国家地质公园

该公园位于青海省的尖扎县境内黄河峡谷带，涵盖"丹霞"峰林地貌景观、新生界沉积环境和沉积构造类型，以及3 800万年以来的地质生态环境演化遗迹。坎布拉丹霞地貌由红色沙砾岩构成，岩体表面丹红如霞，以奇峰、方山、洞穴、峭壁为主要地貌特征。山体如柱如塔、似壁似堡、似人如兽，形态各异。如图3-56所示。

◀ 图3-55　宁夏西吉火石寨国家地质公园

◀ 图3-56　青海尖扎坎布拉国家地质公园

59

（12）陕西洛川黄土国家地质公园

该公园位于陕西省延安市洛川县境内，面积8.01 km²，以黄土剖面和黄土地貌景观为特色，2002年2月被国土资源部批准为第二批国家地质公园。公园内黄土地层剖面连续完整、出露清楚，记录了第四纪以来的气候、环境和生物等重要的地质事件和地质信息，是研究中国大陆乃至欧亚大陆第四纪地质事件最为典型的地质体。公园周边黄土塬面最高海拔1 136 m，是我国黄土塬黄土地貌发育的典型地区。如图3-57所示。

图3-57　陕西洛川黄土国家地质公园

（13）西藏札达土林国家地质公园

该公园位于西藏自治区札达县，地处西藏西南部，2005年8月被国土资源部批准为第四批国家地质公园。札达土林在地貌上属于西藏山原湖盆地之藏南山原湖盆宽谷区札达盆地亚区，平均海拔4 500 m。作为一种特殊的地貌组合，札达土林在象泉河两岸展布，波状起伏、层峦叠嶂、气势恢宏。如图3-58所示。

图3-58　西藏札达土林国家地质公园

7. 火山岩地貌景观类地质公园

火山岩地貌类如福建漳州、广西北海、吉林长白山、江苏南京、云南腾冲等国家地质公园。

（1）福建漳州滨海火山国家地质公园

该公园位于福建省漳州市漳浦县、龙海市滨海地带，2001年3月被国土资源部批准为首批国家地质公园。公园主要由新生代玄武岩类火山地质景观构成，海蚀作用使火山机构与喷发序次出露清楚，火山口典型且保存完好，有罕见的无根喷气口群、气孔柱群及由140万根巨型六角形玄武岩柱组成的柱状节理群，有各种海蚀地貌和多处优质沙滩，还有8 000年前的古森林炭化木层等，对研究西太平洋火山岩带发育历史有重要的科学价值。如图3-59所示。

▲ 图3-59　福建漳州滨海火山国家地质公园

（2）浙江临海国家地质公园

该公园位于浙江省中东部的临海市东部滨海地带，2002年2月被国土资源部批准为第二批国家地质公园。公园以距今9 500万～6 500万年间晚白垩世火山侵入-喷发岩系构成的地貌景观为特征，主体地层为上白垩统天台群，属浙东沿海中生代晚期火山喷发带的组成部分。火山活动以酸性岩浆喷发溢流为主，伴随岩浆侵出。地质公园内由层状火山岩、断裂构造和垂直柱状节理形成了独特的熔岩台地、峰丛等景观。如图3-60所示。

▲ 图3-60　浙江临海国家地质公园

（3）吉林长白山火山国家地质公园

该公园位于吉林省长白山地区，以火山地质地貌遗迹为主，2009年1月被国土资源部批准为第五批国家地质公园。长白山是中国乃至东亚最大的火山岩分布区，也是火山数目最多的地区。长白山火山复式火山锥是在广阔的熔岩高原和熔岩台地上，沿NE向和NW向断裂交叉部位中心式喷发的火山，以巨大的火口湖——长白山天池最为壮观。如图3-61所示。

（4）广西北海涠洲岛火山国家地质公园

该公园位于广西壮族自治区北海市，是北部湾最大的岛屿和中国最年轻的火山岛之一，距离北海市21海里，总面积27.7 km^2（包括斜阳岛），2004年3月被国土资源部批准为第三批国家地质公园。公园具有典型的火山构造和丰富的火山景观，完整地记录了多期火山活动。涠洲岛也是其中最大的火山岛，岛形近似于圆形。13万～1万年前历经无数次火山爆发，岛上有许多火山喷发的遗迹：南湾火山口、横路山火山口、鳄鱼山火山口、斜阳岛村火山口及斜阳岛婆湾火山口。海蚀、海积地貌也非常典型。如图3-62所示。

图3-61 吉林长白山火山国家地质公园

图3-62 广西北海涠洲岛火山国家地质公园

（5）云南腾冲火山国家地质公园

该公园位于云南省西南部的腾冲县和梁河县境内，2002年2月被国土资源部批准为第二批国家地质公园。公园以火山地质遗迹及与之相伴生的地热泉为特色，内有97座火山体，火山锥类型多样。公园内有数种熔岩台地，主要有环火山口熔岩台地、环火山锥熔岩台地和裂隙溢出的熔岩台地。熔岩构造景观主要有熔岩空洞、熔岩塌陷、熔岩流动和原生节理构造。火山碎屑物有火山弹、火山角砾、火山灰、浮石、火山渣。附生地质现象丰富，有地热带、热海、热田、热泉124处。如图3-63所示。

8. 雪山冰川遗迹类地质公园

我国雪山冰川遗迹类地质公园包括青海久治年宝玉则、四川海螺沟、四川四姑娘山、西藏易贡、新疆天山天池、云南丽江玉龙雪山等国家地质公园。

▲ 图3-63 云南腾冲火山国家地质公园

（1）青海久治年宝玉则国家地质公园

该公园位于青海省果洛藏族自治州久治县，2005年8月被国土资源部批准为第四批国家地质公园。冰川地貌、冰碛地貌主要分布于海拔4 000～4 500 m的年宝玉则山麓带，呈阶地状；冰蚀地貌，主要为不同时期的冰川消融及冰蚀作用演化成众多的陡壁石崖、峰林谷梁等冰蚀地貌景观。公园内的鄂木措冰川谷地带完整地保留着高原腹地第四纪冰河时期以来地质作用遗留的冰缘地貌。如图3-64所示。

（2）四川海螺沟国家地质公园

该公园位于甘孜藏族自治州泸定县境内，青藏高原东南缘，大雪山山脉中段的贡嘎山东坡，2002年2月被国土资源部批准为第二批国家地质公园。公园以现代冰川、温泉及高山峡谷为主要特色。主峰贡嘎山海拔7 514 m，为世界第11高峰；海螺沟冰川长15 km，尾端伸入海拔2 850 m的原始森林区，是地球上同纬度海拔最低、可供大众游览观光的现代冰川。如图3-65所示。

图3-64　青海久治年宝玉则国家地质公园

图3-65　四川海螺沟国家地质公园

（3）西藏易贡国家地质公园

该公园位于西藏自治区波密县与林芝县交界处，以易贡巨型山体崩滑地质遗迹、现代冰川和高山峡谷为特色，2002年2月被国土资源部批准为第二批国家地质公园。易贡巨型山体崩滑的最大落差达2 580 m，堆积体达3亿立方米，主要包括高速滑痕、高速滑坡特有的喷水冒沙坑、土丘群以及易贡堰塞湖、堰塞湖决口、堰塞湖溃决形成的次生崩塌、滑坡遗迹等。如图3-66所示。

（4）云南丽江玉龙雪山国家地质公园

该公园位于云南省丽江市，面积340 km²，2009年8月被国土资源部批准为第五批国家地质公园。主要地质遗迹为现代冰川和古冰川遗迹。现代冰川和活动遗迹完整、代表性强，构造运动形迹类型多样，河流侵蚀堆积作用地貌分布在金沙江和大具坝，典型的山体植被垂直带景观，具有明显的雪线、森林线和云雾线分带标志。如图3-67所示。

◀ 图3-66 西藏易贡国家地质公园

◀ 图3-67 云南丽江玉龙雪山国家地质公园

（5）新疆天山天池国家地质公园

该公园位于新疆维吾尔自治区昌吉回族自治州阜康市，主要地质遗迹为冰川堰塞湖以及古冰川地貌、古火山地貌、地质剖面和古生物化石，2009年8月被国土资源部批准为第五批国家地质公园。公园内第四纪古冰川地貌十分发育，天山天池是我国最著名的冰川堰塞湖之一。在博格达发育有现代冰川，冰舌形态完整，并有冰川裂缝、冰上河流、冰下隧道、冰川洞、冰川层理、冰蘑菇等。火山地貌有山岳景观、峰丛地貌及峡谷地貌。在侏罗纪地层中盛产苏铁、银杏、古松柏、蕨类等古植物化石。如图3-68所示。

9. 水体景观类地质公园

我国水体景观类地质公园主要包括福建大金湖、福建屏南白水洋、河北秦皇岛柳江、河北邢台峡谷群、湖南湄江、黄河壶口瀑布、山西壶关太行山大峡谷、山西永和黄河蛇曲、陕西商南金丝峡、四川大渡河峡谷、四川黄龙、四川九寨沟、新疆布尔津喀纳斯湖、延川黄河蛇曲、长江三峡、大连、重庆黔江小南海等国家地质公园。

▲ 图3-68 新疆天山天池国家地质公园

（1）河北秦皇岛柳江国家地质公园

该公园位于河北省秦皇岛市，南临渤海，北依燕山，2002年2月被国土资源部批准为第二批国家地质公园。公园以古生物化石、地层剖面、岩溶地貌和花岗岩地貌为特色。地层剖面清楚，化石丰富，沉积构造发育。其他地质遗迹包括三大岩类、各种地质构造形迹，不同规模的褶皱、不同级别的断裂以及揉皱、牵引等，

还有河流阶地、海蚀、海积等地质遗迹。如图3-69所示。

（2）河北邢台峡谷群国家地质公园

该公园位于河北省邢台县境内，面积78 km^2，2011年12月被国土资源部批准获得国家地质公园建设资格。园区内具有峡谷群地貌景观、气势宏大的锅穴系统、各种类型的瀑布景观以及各种典型的沉积构造和岩溶景观。如图3-70所示。

图3-69 河北秦皇岛柳江国家地质公园

图3-70 河北邢台峡谷群国家地质公园

（3）福建屏南白水洋国家地质公园

该公园位于福建屏南，是福建的八大景区之一，面积77.34 km²。平坦的岩石河床一石而就，净无沙砾，登高俯瞰，其形状犹如一丘刚刚耙平的巨大农田，平展地铺呈在崇山峻岭之中。三大浅水广场中，面积最大的中洋达4万m²，最宽处182 m，河床布水均匀，水深没踝。阳光下，洋面波光粼粼，一片白炽，故称为白水洋。如图3-71所示。

（4）山西永和黄河蛇曲国家地质公园

该公园位于山西省永和县，面积105.61 km²，2011年12月被国土资源部批准获得国家地质公园建设资格。主要地质遗迹有发育在黄土高原之上、世界最长的黄色干流河道上的嵌入式蛇曲峡谷，以及发育良好的黄土地貌。如图3-72所示。

▲ 图3-71 福建屏南白水洋国家地质公园

▲ 图3-72 山西永和黄河蛇曲国家地质公园

（5）黄河壶口瀑布国家地质公园

该公园以黄河为轴心，地跨山西和陕西两省，面积29 km²，以气势磅礴的壶口瀑布为主要地质遗迹，2002年2月被国土资源部批准为第二批国家地质公园。黄河壶口瀑布是黄河河道上最大的瀑布，宽20～30 m。排山倒海般的瀑布冲击岩石，巨涛激起数十米高的浪花，发出"谷涧响雷"的鸣声。河流的下切作用和侧蚀作用非常强烈。壶口瀑布的基岩主要是三叠系纸坊组砂页岩互层，到处可见水冲蚀槽及大大小小的淘蚀圆形坑（锅穴）。如图3-73所示。

（6）四川大渡河峡谷国家地质公园

该公园位于四川省乐山市金口河区，以大渡河大峡谷和大瓦山玄武岩地质地貌为特色，2002年2月被国土资源部批准为第二批国家地质公园。大渡河大峡谷属典型的河流侵蚀峡谷地貌，长26 km，谷宽70～150 m，落差1 000～1 500 m，最大谷深2 600 m。峡谷切割出前震旦系峨边群至二叠系峨眉山玄武岩厚达数千米的地质剖面，记录了几亿年来地质演化的历史。在大瓦山一带，完整保存有冰川"U"形谷、角峰、冰斗、冰蚀湖等晚更新世古冰川地貌。如图3-74所示。

图3-73 黄河壶口瀑布国家地质公园

图3-74 四川大渡河峡谷国家地质公园

（7）陕西商南金丝峡国家地质公园

该公园位于陕西省商南县秦岭山地，面积28.6 km²，2009年8月被国土资源部批准为第五批国家地质公园。主要地质遗迹为构造岩溶峡谷和多级瀑布景观。公园内完整地保留了秦岭造山带地质遗迹，并系统、完整地保留有石灰岩隘谷-嶂谷-峡谷地貌系统、十三级瀑布、断崖型瀑布等地质遗迹。如图3-75所示。

（8）四川九寨沟国家地质公园

九寨沟国家地质公园位于四川省阿坝州九寨沟县内，面积729.6 km²，2004年3月被国土资源部批准为第三批国家地质公园。公园地处青藏高原边缘，以高寒岩溶钙华池为特征，主景长80余千米，在狭长的山沟谷地中，有色彩斑斓、清澈如镜的100多个湖泊（钙华边石坝池）散布其间。规模宏大的水流通过钙华坝形成的瀑布、形态万千的钙华滩等构成层湖叠瀑景观和五彩斑斓的水体景观。如图3-76所示。

◀ 图3-75　陕西商南金丝峡国家地质公园

▶ 图3-76　四川九寨沟国家地质公园

（9）新疆布尔津喀纳斯湖国家地质公园

该公园位于新疆维吾尔自治区北部，2004年3月被国土资源部批准为第三批国家地质公园。喀纳斯湖是冰蚀—构造断陷湖，是在距今约260万年以来的第四纪时期，由冰川、流水和构造作用形成的典型景观。公园内广泛分布冰斗群、冰川漂砾、冰蚀冰碛湖泊、冰川"U"形谷、冰碛丘陵、冰蚀阶地、石河、冰溜面、刻痕、刃脊、角峰等水蚀和冰碛地貌景观。如图3-77所示。

▲ 图3-77　新疆布尔津喀纳斯湖国家地质公园

（10）长江三峡国家地质公园（湖北、重庆）

该公园位于长江三峡（瞿塘峡、巫峡、西陵峡）地区，西起重庆市奉节县白帝城，东抵湖北省宜昌市南津关，2004年3月被国土资源部批准为第三批国家地质公园。公园以长江干流形成的峡谷及两侧地质地貌为特色，地质遗迹种类多样。三峡是世界上最著名的大峡谷之一，这里还是人类文明的发祥地之一，保存有200万年前的"巫山人"及"大溪"文化、巴楚文化和三国遗址等大量古文化遗存。如图3-78所示。

▲ 图3-78　长江三峡国家地质公园

（11）重庆黔江小南海国家地质公园

该公园位于重庆市东南缘黔江区，以地震堰塞湖地貌景观为主体，2004年3月被国土资源部批准为第三批国家地质公园。主要地质遗迹包括小南海地震遗址、八面山岩溶地貌景观、仰头山岩溶地质地貌景观、古生物化石遗迹、沉积构造、古冰川遗迹、流水侵蚀地貌以及红九师旧址、义渡古碑等。如图3-79所示。

（12）大连国家地质公园

该公园位于辽宁省大连市南部滨海，2005年8月被国土资源部批准为第四批国家地质公园。公园以元古宙、早古生代碳酸盐岩形成的海蚀地貌景观为特色。主要地质景观有地层剖面、典型的断裂、褶皱、韧性剪切带、海蚀崖、海蚀柱、海蚀穴、各种沙坝、潟湖以及各种沉积构造、三叶虫化石等。如图3-80所示。

图3-79　重庆黔江小南海国家地质公园

图3-80　大连国家地质公园

畅游山东地质公园

山东位于中国大陆东部，地处华北板块与扬子板块"秦岭—大别山—苏鲁"造山带接合部位，地质历史可以上溯到距今约30亿年前的中太古代，经历了漫长的地壳演化进程，形成了复杂的地质构造和多彩的地质遗迹景观。

山东地质公园的分布

在早前寒武纪，山东的地壳逐渐由不成熟的过渡型地壳演化为成熟的花岗质地壳；鲁西地区在古生代经历了海陆变迁，早古生代，全域同步缓慢沉降，淹没于海水之中，为海相沉积；晚古生代，陆块逐渐抬升，海水退出，转化为陆相沉积，齐鲁大地基本格局已然形成；中新生代，山东发生了与构造体制转折和岩石圈减薄相关的大规模岩浆作用、盆地断陷、地壳隆升等地质构造事件，造就了当今山东的海陆分布和地质地貌景观，形成了种类繁多的地质遗迹。截至2015年，山东省拥有世界地质公园1个、国家地质公园11个、省级地质公园53个，详见表4-1、表4-2。

表4-1　　　　　　　　　　　山东省世界及国家地质公园简表

名　称	位置	批准年月	面积（km²）	主要地质遗迹
泰山世界地质公园	泰安市泰山区	2006.8	129.63	花岗岩地貌景观、泰山岩群表壳岩遗迹、构造运动遗迹
山东泰山国家地质公园	泰安市泰山区	2005.8	124.98	花岗岩地貌景观、泰山岩群表壳岩遗迹、构造运动遗迹、象形石景观、水体景观
山东山旺国家地质公园	临朐县	2001.12	8.4	古生物化石、火山地貌、标准层型剖面
山东枣庄熊耳山—抱犊崮国家地质公园	枣庄市山亭区	2001.12	98	崮形地貌、岩溶奇峰、岩溶洞穴、地质灾害遗迹
山东东营黄河三角洲国家地质公园	东营市河口区、垦利县	2004.1	1 530	河流沉积地貌景观、滨海侵蚀和淤积地貌景观、贝壳堤、湿地

（续表）

名　称	位　置	批准 年月	面积 （km²）	主要地质遗迹
山东长山列岛国家地质公园	长岛县	2005.8	56.4	海蚀地貌、海积地貌、岩浆岩地质地貌、微地貌景观、古人类文化遗址遗迹
山东沂蒙山国家地质公园	临沂市蒙山区、蒙阴县、沂水县	2005.8	193	花岗岩地貌景观、泰山岩群表壳岩遗迹、岩溶洞穴、象形石景观、水体景观
山东青州国家地质公园	青州市	2009.8	70.7	岩溶奇峰、岩溶洞穴、封闭洼地、崮形地貌、水体景观
山东诸城恐龙国家地质公园	诸城市	2009.8	9.45	白垩纪典型地质剖面、大型鸭嘴龙类恐龙及其他古生物化石
山东莱阳白垩纪国家地质公园	莱阳市	2012.4	15.46	白垩纪地质剖面、古生物地质遗迹、地貌景观、水体景观
山东沂源鲁山国家地质公园	沂源县	2012.4	30.37	岩溶地貌、花岗岩地貌、岩溶洞穴、古人类遗迹
山东昌乐火山国家地质公园	昌乐县	2013.12	37	火山地貌景观、地层剖面、典型矿物产地、新构造运动遗迹、古生物化石遗迹

表4-2　　　　　　　　　　山东省省级地质公园简表

名　称	位　置	批准 年月	面积 （km²）	主要地质遗迹
山东即墨马山省级地质公园	即墨市	2002.12	3.17	火山岩柱状节理石柱群、沉积构造、硅化木
山东荣成槎山省级地质公园	荣成市	2002.12	24.1	花岗岩地貌、海蚀海积地貌、造山带遗迹
山东新泰青云山省级地质公园	新泰市	2002.12	32.5	花岗岩奇峰、球状风化、崩塌地质灾害遗迹

（续表）

名　称	位　置	批准年月	面积（km²）	主要地质遗迹
山东滕州莲青山省级地质公园	滕州市	2002.12	9.58	花岗岩地质地貌、象形石、球状风化、侵蚀地貌景观
山东泰安徂徕山龙湾省级地质公园	泰安市岱岳区	2002.12	12.5	花岗岩地貌景观、地层剖面、水体景观、崩塌地质灾害遗迹
山东莒南恐龙遗迹省级地质公园	莒南县	2004.1	60.0	恐龙足迹化石、潜火山岩地貌、侵入岩地貌
山东邹城峄山省级地质公园	邹城市	2004.1	12.56	花岗岩石蛋地貌、象形石景观、山体崩塌遗迹、水体景观
山东长清张夏—崮山省级地质公园	济南市长清区	2004.1	2.0	华北寒武系标准剖面、古生物化石、沉积构造、石灰岩地貌景观、水体景观
山东栖霞牙山省级地质公园	栖霞市	2004.1	25.03	花岗岩地貌景观、地质灾害遗迹、水体景观
山东泰安长城岭省级地质公园	泰安市岱岳区	2004.1	1.58	花岗岩地貌景观、侵入岩地质剖面、地质灾害遗迹、水体景观
山东枣庄龟山省级地质公园	枣庄市市中区	2004.1	10.8	岱崮地貌、溶洞、象形石、水体景观
山东历城蟠龙山省级地质公园	济南市历城区	2006.9	4.77	岩溶奇峰、象形石、溶洞
山东招远罗山省级地质公园	招远市	2007.4	7.175	花岗岩地貌景观、玲珑式金矿矿床遗迹、构造形迹、水体景观、地质灾害遗迹
山东栖霞艾山省级地质公园	栖霞市	2006.9	64.15	花岗岩地貌、地质体景观、水体景观、崩塌地质灾害遗迹
山东济南华山省级地质公园	济南市历城区	2007.4	60.65	岩浆岩地貌景观、地质剖面、水体景观、崩塌地质灾害遗迹
山东烟台磁山省级地质公园	烟台市开发区	2007.4	5.24	花岗岩地貌、典型矿床、构造形迹、水体景观
山东肥城牛山省级地质公园	肥城市	2007.4	7.8	花岗岩地貌、崩塌地质灾害遗迹、水体景观

（续表）

名　称	位　置	批准年月	面积（km²）	主要地质遗迹
山东郯城马陵山省级地质公园	临沂市郯城县	2007.4	25.0	构造形迹、地质剖面、丹霞地貌、恐龙足迹化石
济南历城水帘峡省级地质公园	济南市历城区	2010.1	3.5	岩浆岩奇石、奇峰、峡谷地貌及水体景观
山东金乡羊山省级地质公园	金乡县	2009.9	1.94	矿山遗迹、岩溶地貌景观、地质剖面、水体景观
山东兰陵文峰山省级地质公园	兰陵县	2010.1	6.23	崮形地貌、地质剖面、植物岩溶、泉水、溶洞
山东临清黄河故道省级地质公园	临清市	2010.1	0.5	黄河故道、古堤、沙丘、沙垄
山东梁山省级地质公园	梁山县	2010.1	3.33	岩溶地貌景观、沉积岩相剖面、构造形迹
山东泗水龙门山省级地质公园	泗水县	2010.1	5.52	花岗岩地貌、侵入岩剖面、水体景观、地质灾害遗迹
山东宁阳神童山省级地质公园	宁阳县	2010.1	5.51	花岗岩奇峰、象形石景观、地质界限、水体景观、崩塌地质灾害遗迹
山东莱芜九龙大峡谷省级地质公园	莱芜市雪野旅游区	2010.1	12.54	花岗岩奇峰、峡谷、象形石、水体景观
山东昆嵛山省级地质公园	烟台市牟平区、威海市文登区	2010.1	64.9	花岗岩地貌、地质构造、水体景观及崩塌地质灾害遗迹
济南章丘百脉泉省级地质公园	章丘市	2011.8	0.866	泉水景观
山东桓台马踏湖省级地质公园	桓台县	2011.8	10.21	湖泊、沼泽、湿地、湖岗、湖沟、河流
山东淄博潭溪山省级地质公园	淄博市淄川区	2011.8	9	岩溶奇峰、峡谷、溶洞、水体景观
山东滕州红荷湿地省级地质公园	滕州市	2011.8	47.73	堰塞湖水体景观、湿地景观

（续表）

名　称	位　置	批准年月	面积（km²）	主要地质遗迹
山东牟平养马岛省级地质公园	烟台市牟平区	2011.8	3.03	海蚀地貌、海积地貌、岛礁地貌景观、地质构造遗迹
山东临朐沂山省级地质公园	临朐县	2011.8	40.08	岩浆岩奇峰、象形石景观、地质剖面、构造形迹、水体景观
山东嘉祥青山省级地质公园	嘉祥县	2011.8	2.43	岩溶地貌、地质剖面、泉水景观
山东泰安宁阳鹤山省级地质公园	宁阳县	2011.8	8.89	岱崮地貌、沉积岩相剖面、溶洞
山东东阿鱼山省级地质公园	东阿县	2011.8	0.94	地层剖面、构造行迹、岩溶地貌、崩塌地质灾害遗迹
山东五莲五莲山—九仙山省级地质公园	五莲县	2012.9	37.58	花岗岩地貌、地质剖面、象形石、水体景观
山东东平东平湖省级地质公园	东平县	2012.9	80.18	湖泊、湿地、岩溶谷地、洞穴
山东临沭岌山省级地质公园	临沭县	2012.9	3.96	恐龙足迹化石、构造形迹、金刚石矿物产地、丹霞地貌
山东蒙阴岱崮省级地质公园	蒙阴县	2012.9	31.76	岱崮地貌、地层剖面、崩塌地质灾害遗迹
山东新泰寺山省级地质公园	新泰市	2012.9	1.965	岩溶地质地貌、地层剖面、水体景观
山东无棣碣石山省级地质公园	无棣县	2012.9	0.133	火山地貌、水体景观
山东曲阜尼山省级地质公园	曲阜市	2012.9	11.01	花岗岩、石灰岩地质地貌景观、构造形迹、典型矿床遗迹
山东巨野金山省级地质公园	巨野县	2012.9	0.54	岩溶孤峰、溶洞、泉水、采矿遗迹
山东海阳招虎山省级地质公园	海阳市	2012.9	6.63	花岗岩地貌景观、地质构造形迹、崩塌地质灾害遗迹、水体景观

（续表）

名　称	位　置	批准年月	面积（km²）	主要地质遗迹
济南趵突泉泉群省级地质公园	济南市历下区	2012.9	3.1	泉水景观
山东东港区河山省级地质公园	日照市东港区	2014.12	4.87	花岗岩地貌景观、岩浆岩剖面、构造形迹、海蚀洞穴、水体景观
山东临沂临港甲子山省级地质公园	临沂市临港区	2014.12	6.0	花岗岩地貌景观、岩浆岩剖面、构造形迹、水体景观、陨石
山东平邑曾子山省级地质公园	平邑县	2014.12	1.37	岱崮地貌、岩溶地貌、不整合剖面、缝合线沉积相
山东乳山岠嵎山省级地质公园	乳山市	2014.12	4.67	花岗岩峰丛地貌、海蚀洞穴、水体景观
山东枣庄山亭店子省级地质公园	枣庄市山亭区	2014.12	6.24	花岗岩地貌景观、岩浆岩剖面、崩塌地质遗迹、水体景观
山东威海刘公岛省级地质公园	威海市环翠区	2014.12	0.43	岩浆岩体、变质岩相剖面、构造形迹、海蚀地貌
山东邹城凤凰山省级地质公园	邹城市	2014.12	28.26	岩浆岩体、沉积岩相剖面、构造形迹、岱崮地貌

泰山世界（国家）地质公园

山地质公园位于山东省中部的泰安市境内，以早前寒武纪泰山岩群、多期次侵入的岩体以及新构造运动等典型地质遗迹为主体，拥有丰富的山岳地貌景观和历史文化遗迹。泰山是中华十大名山之首，1982年被列入国家重点风景名胜区，1987年被联合国教科文组织正式列入世界自然、文化双遗产目录，成为全人类的珍贵财富。泰山山脉也是齐鲁大地的基底，公园内泰山岩群雁翎关岩组是华北地区最古老的地层，记录了鲁西地区近28亿年漫长而复杂的地质演化史。泰山桃花峪彩石溪，浅白色条带和黑绿色斜长角闪岩构成了色彩斑斓的河床基岩，这些千姿百态的条带状岩石就是人们争相收集的泰山奇石。如图4-1、图4-2、图4-3、图4-4所示。在红门出露的辉绿玢岩又称"醉心石"，具有奇特的桶状结构，世间罕见。

泰山地势差异显著，被誉为"五岳独尊，雄峙天东"，拥有奇峰林立、沟深谷狭、崖陡壁峭的花岗岩地貌景观。傲徕峰，因巍峨突起，大有与泰山主峰争雄之势。天烛峰，孤峰凌空，高如巨烛，故而得名。扇子崖，丹壁如削、形如巨扇，为历代文人墨客所推崇。泰山是天人合一的典范，是中华文明的象征，人们常以"稳如泰山"来期盼国泰民安。

▲ 图4-1　泰山世界（国家）地质公园

——地学知识窗——

地层年代

地质学上对地层划分的一种单位。地层年代单位从大到小分宇、界、系、统、段、代六级，对应的地质时代为宙、代、纪、世、期、时。此外，还有岩石地层单位，分别是群、组、段、层。

◀ 图4-2　泰山扇子崖

◀ 图4-3　泰山拱化石（王德全摄）

◀ 图4-4　泰山桃花峪彩石溪（王德全摄）

山东的国家地质公园

1. 新生代山东山旺国家地质公园

山旺国家地质公园位于山东省临朐县城东22 km处，以精美的古生物化石和独特的火山地貌为特色。公园主要地质遗迹为沉积于低平火山口中的硅藻土页岩，这些水平层理非常清晰的岩层中保存了世界罕见、栩栩如生、珍贵而精美的十几个门类近700种动植物化石，生动地记录了新近纪山旺地区的古地理环境和古生物活动，被誉为"万卷书"。在这些化石中，有完整的大型脊椎动物化石，如无角犀、远古鹿等，还有优美多姿、色彩斑斓的各类昆虫和植物叶片，更有精美、个体微小需用显微镜才能见到的植物——硅藻，堪称世界古生物化石宝库，尤其是怀胎临产的犀牛化石更为绝品。如图4-5、图4-6、图4-7、图4-8、图4-9所示。

▲ 图4-5　山旺国家地质公园—硅藻土采坑

▲ 图4-6 山旺少鳞鳜化石标本

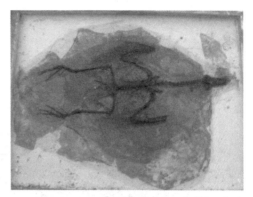

▲ 图4-7 山旺鸟类化石标本

▲ 图4-8 山旺树叶化石标本

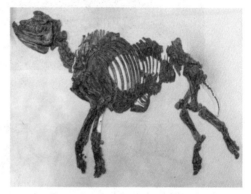

▲ 图4-9 山旺雌性细近无角犀化石标本

2. 枣庄熊耳山—抱犊崮国家地质公园

该公园位于山东省南部，包括熊耳山和抱犊崮两个园区，以岱崮地貌、地震遗迹、岩溶地貌为特色。公园内岩石主要为寒武系灰岩，在重力作用和差异风化等因素的控制下，最终形成了奇特的桌状山——岱崮地貌。抱犊崮就是岱崮地貌的典型代表，它海拔584 m，崮顶平缓，四周陡峭，自古以其独有的雄奇险秀而著称。熊耳山园区内岩溶作用较为发育，形成一系列溶洞、溶蚀裂谷等岩溶地貌。300年前郯城地区发生8.5级大地震，该园区内的龙抓崖崩塌体就是本次地震造成熊耳山山顶张夏组灰岩崩塌的产物，至今看来仍触目惊心。如图4-10、图4-11所示。

▲ 图4-10 熊耳山-抱犊崮国家地质公园

◀ 图4-11 熊耳山双龙大裂谷

3. 黄河三角洲国家地质公园

该公园位于山东省东营市境内，面积1 530 km²，主要地质遗迹属于河流侵蚀堆积地貌景观。现代黄河三角洲是黄河自1855年侵蚀堆积至今，在垦利县境内流入渤海，经过多次改道，冲击形成8个叶瓣，互相叠加形成的以垦利县宁海为顶点的扇形区域，是"河控型三角洲"中另一个形态——"朵状"三角洲的典型代表。黄河三角洲地质公园主要地质遗迹有河流地貌景观、沉积构造及古海陆交互线遗迹。区内分布着两条重要的古海陆交互线——贝壳堤，一条形成于五六千年以前，一条形成于公元1855年以前。黄河三角洲拥有全世界暖温带最年轻、最广阔、保存最完整和面积最大的新生湿地生态系统，形成了河口、森林、湿地、草甸、芦苇、水域、海滩等多种景观资源。如图4-12、图4-13所示。

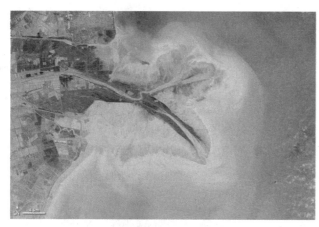

◀ 图4-12　2009年黄河入海口沙嘴景观

◀ 图4-13　黄河三角洲湿地

——地学知识窗——

海蚀地貌

海蚀地貌（marine abrasion landform）是指海水运动对沿岸陆地侵蚀破坏所形成的地貌。由于波浪对岩岸岸坡进行机械性的撞击和冲刷，岩缝中的空气被海浪压缩而对岩石产生巨大的压力，波浪挟带的碎屑物质对岩岸进行研磨，以及海水对岩石的溶蚀作用等，统称海蚀作用。海蚀多发生在基岩海岸。海蚀的程度与当地波浪的强度、海岸原始地形有关，与组成海岸的岩性及地质构造特征亦有联系，所形成的海蚀地貌有海蚀崖、海蚀台、海蚀穴、海蚀拱桥、海蚀柱等。

4. 山东长岛国家地质公园

长山列岛是目前全国唯一的海岛型国家地质公园，共分布大小岛屿32个。公园新元古代地质遗迹主要为蓬莱群变质地层，岩石由石英岩夹千枚岩组成，在九丈崖景点可以看到石英岩中发育的斜层理和波痕构造，反映其形成时的海滨环境。第四纪地质遗迹主要为海蚀、海积、火山岩和黄土地貌，以及天然岩画、彩石等。各种海蚀崖、海蚀洞、海蚀柱、海蚀礁等都是极具代表性的海蚀地貌。龙爪山海蚀栈道、大黑山聚仙洞，为目前世界上发现最长的海蚀栈道和石英岩海蚀洞。沟谷和低洼处随处可见的黄土堆积，对研究我国东部第四纪气候变化和海陆环境变迁有很高的价值。如图4-14、图4-15、图4-16、图4-17所示。

🔺 图4-14　山东长岛国家地质公园（孙春明摄）

◀ 图4-15 长岛龙爪山
（孙春明摄）

◀ 图4-16 长岛高山岛
（沈荣民摄）

▲ 图4-17 长岛月牙湾鹅卵石

5. 沂蒙山国家地质公园

该公园位于山东省临沂市境内，以年代古老的花岗岩地貌景观为主体，又拥有泰山岩群变质表壳岩遗迹、岩溶洞穴景观、构造形迹等多种地质遗迹。蒙山主峰龟蒙顶海拔1 156 m，为山东第二高峰。主体岩石为新太古代TTG质花岗岩和古元古代二长花岗岩，侵入太古界泰山岩群斜长角闪岩，后期又被中元古代辉绿岩侵入，加之差异性风化、构造运动，使蒙山山体高峻雄厚，山势雄奇突兀，沟谷深邃，岩壁陡峭。峻山奇峰随处可见，龟蒙顶、摩云崮、玉皇顶、伟人峰等可谓鬼斧神工、造化神奇，为典型的花岗岩峰林地貌。园区内还有众多的悬崖绝壁景观，崖高上百米，伟岸耸立，犹如刀削，如鹰窝峰、刀山、望海楼等。如图4-18、图4-19、图4-20、图4-21、图4-22所示。

🔺 图4-18 巍巍蒙山

🔺 图4-19 蒙山风光之刀山

◀ 图4-20 蒙山寿星

◀ 图4-21 群龟探海

◀ 图4-22 临沂蒙山
钻石博物馆

6. 山东青州国家地质公园

该公园位于青州市的西南部，以岩溶地貌景观为鲜明特色，涵盖典型地质剖面、构造形迹、水体景观等多种地质遗迹。公园内集中了崮形地貌、峰林、高山洼地、坍塌崖、天生桥、石林、溶洞等十多种宏观岩溶地貌形态，尤以峰林地貌、天生桥、石林等地貌形态在华北岩溶地区极为珍稀。云门山主体岩石为奥陶纪厚层白云岩和灰岩，巨大的"寿"字石刻、隋唐时代的佛像石窟等均产出于此类岩石中。仰天槽位于仰天山山顶，海拔750～840 m，面积1.5 km²，是典型的山顶洼地。仰天槽内发育有独具特色的构造溶洞群，已发现大小溶洞56个，最具代表性的溶洞有黑龙洞、四门洞、水帘洞、高明洞等，洞体由上百个落水洞横向连接而成，每一处转折都是构造运动的杰作。如图4-23、图4-24所示。

◀ 图4-23　青州仰天山仰天槽

◀ 图4-24　青州仰天山水韵三叠

7.诸城恐龙国家地质公园

诸城可谓恐龙的故乡，形成于距今6 600万年的王氏群红土崖地层中，含有丰富的恐龙化石资源，以鸭嘴龙为主，还发现了霸王龙、角龙、甲龙、鹦鹉嘴龙等。恐龙涧化石长廊化石群，暴露化石近万块，令人震撼；恐龙涧隆起带，暴露恐龙化石1 000余块，曾出土"巨型山东龙"和有"世界龙王"之称的"巨大诸城龙"；臧家庄层叠区化石群，七层分布有2 000多块恐龙化石的层叠，同时发现有诸城中国角龙、巨型诸城暴龙、巨大华夏龙、巨大诸城甲龙等"四大龙王"的遗址遗迹，被中外专家称为"恐龙格斗世界"。黄龙沟恐龙足迹群化石，在大约5 000 m²的地方，发现恐龙足迹多达11 000个，实属罕见。如图4-25、图4-26、图4-27所示。

图4-25 诸城地质公园霸王龙复原骨架

图4-26 诸城鹦鹉嘴龙化石骨架

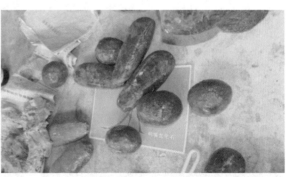

图4-27 诸城挖掘修复的恐龙蛋

8. 山东莱阳白垩纪国家地质公园

该公园是白垩纪莱阳群、青山群和王氏群的命名地，公园内白垩纪地层剖面完整记录了中国东部地区白垩纪时期的地球演化史。迄今为止，在莱阳地区已经发现3个著名的白垩纪生物群，即早白垩世热河生物群、晚白垩世莱阳恐龙动物群和莱阳恐龙蛋化石群。这些化石生物群都集中分布在莱阳五龙河流域，许多重要化石遗址也分布在地质公园园区内，如金刚口和将军顶等。发现和命名的恐龙达11种，恐龙蛋化石11种。1923年，地质学家谭锡畴在莱阳将军顶发现中国谭氏龙化石，是我国学者发现的第一具恐龙化石。1952年在莱阳发现了完整的棘鼻龙化石，被命名为棘鼻青岛龙。除了恐龙化石外，红色的白垩系地层被流水切割形成一系列小型红色沟谷地貌——红层平原峡谷，这些红色峡谷蜿蜒曲折，如树枝状分布延展于莱阳丘陵、平原之中，独具特色，在谷底和两侧不经意间可能会发现恐龙类化石，是名副其实的"恐龙谷"。如图4-28、图4-29、图4-30、图4-31所示。

9. 山东鲁山国家地质公园

该公园位于山东省沂源县鲁山镇，以我国北方代表性的岩溶地貌景观和新太古代岩浆岩侵入接触关系为主要特色，同时保存了更新世中期古人类、古动物化石，详细记录了古人类的发展进化过程。鲁山主峰海拔1 108 m，山体巍峨高耸，雄峙鲁中。鲁山南侧为断片状产出的奥陶纪石灰岩，岩溶发育、溶洞成群，被称为"北方最大的溶洞群"。其中，九天洞石花类型之多、面积之大、形态之美，国内外无与伦比，被誉为"天下第一石花洞"。在"下崖洞"发现的"沂源猿人"化石，与"北京猿人"同时代形成，是极其宝贵的古人类化石遗迹。如图4-32、图4-33所示。

▲ 图4-28 莱阳红石峡

▲ 图4-29 莱阳棘鼻青岛龙复原骨架

▲ 图4-30 莱阳中国鹦鹉嘴龙化石

▲ 图4-31 莱阳金岗口长形类恐龙蛋

▲ 图4-32 淄博鲁山地质公园水景

▲ 图4-33 淄博鲁山溶洞奇观

10. 昌乐火山国家地质公园

该公园以火山地貌景观和蓝宝石原生矿为主题。新近纪强烈的构造运动和频繁的火山活动，给昌乐留下了100多座古火山口，走进地质公园就像进入了一座天然的火山地质博物馆。团山子古火山口，直径60多米，玄武岩柱状节理发育，喷发纹理清晰，红褐色的六棱柱石呈辐射状，向上收敛，向下散开，像一把倒置的折扇，形象地记录了火山喷发时的壮观景象。园区内的方山是世界上唯一出产艳色奇异蓝宝石的原生矿区，储量丰富、颜色纯正、颗粒大、净度高，堪称"中国第一蓝宝石矿"。昌乐县蓝宝石有矿面积达450 km²，储量数十亿克拉，是世界四大蓝宝石产地之一。2011年，昌乐被评为中国蓝宝石之都。如图4-34、图4-35所示。

🔺 图4-34　潍坊昌乐北岩远古火山口的玄武岩

🔺 图4-35　潍坊昌乐团山子火山口

山东的省级地质公园

1. 山东典型地质剖面类地质公园

济南水帘峡，泰安长城岭、徂徕山等省级地质公园，主体岩石主要形成于距今27.7亿～26亿年的新太古代早－中期。邹城峄山、滕州莲青山、曲阜石门山、泗水龙门山主体岩石，都是峄山序列片麻状花岗闪长岩，形成于距今25.3亿年的新太古代晚期。如图4-36、图4-37所示。

济南长清张夏－崮山省级地质公园内寒武纪地层剖面露头佳，地层单位间接触关系清楚，岩石类型，层面、层理构造现象极为丰富，生物（特别是三叶虫）化石富集且保存完整，是进行层序地层学研究、多重地层划分对比的理想剖面，是地质科学研究最为有利的地区，是不可多得的"地学实验室"，也是进行地学科普教育的好去处。如图4-38所示。

🔺 图4-36 泰安徂徕山龙湾地质公园

▲ 图4-37 济南水帘峡地质公园

▲ 图4-38 山东长清张夏馒头山寒武纪地层剖面

2. 山东地质构造类地质公园

距今8亿～7亿年，地壳演化进入新元古代南华纪，扬子板块北缘胶南—威海一带，岩浆活动强烈，形成荣成序列糜棱岩化片麻状二长花岗岩，构成了日照五莲山-九仙山、威海刘公岛、荣成槎山、乳山岠崌山、东港区河山、临港甲子山等地质公园的岩石主体，这些地区是中国秦岭-大别山-苏鲁造山带的重要组成部分——苏鲁造山带，证明了三叠纪华北板块与扬子板块碰撞作用。如图4-39、图4-40、图4-41、图4-42所示。

在荣成槎山地质公园，可以看到槎山正长花岗岩侵入荣成序列变质变形的片麻状二长花岗岩，具有片麻状构造和复杂的褶皱现象，是距今2.3亿~2.2亿年前扬子板块与华北板块碰撞，扬子板块俯冲到华北板块之下，遭遇强烈的超高温高压变质作用的结果。

在距今1.6亿~1.5亿年间鲁东地区形成的玲珑序列二长花岗岩，是构成烟台磁山、昆嵛山、招远罗山等地质公园的主要岩石。距今1.2亿~1.1亿年间，早白垩世晚期伟德山序列花岗岩和崂山序列碱性花岗岩形成，代表了大规模的伸展作用，构成栖霞艾山、栖霞牙山、海阳招虎山地质公园的主体岩石。

▲ 图4-39 日照五莲山-九仙山情侣峰

▲ 图4-40 威海荣成槎山

▲ 图4-41 刘公岛全貌

▲ 图4-42 甲子山远眺

3. 山东古生物类地质公园

中生代晚期恐龙化石遗迹组成的省级地质公园，主要为莒南恐龙遗迹、郯城马陵山、临沭岌山等省级地质公园。晚白垩世（0.99亿～0.65亿年），沂沭断裂带及附近地区中生代盆地白垩纪大盛群田家楼组紫红色粉砂岩，主要出露恐龙足迹和斜层理、波痕、泥裂等地层沉积构造遗迹。郯城马陵山地质公园还保存有300多年前发生的8.5级郯城大地震断裂遗迹，在马陵山中生代地层中还发现了多处恐龙足印化石。莒南恐龙遗迹（恐龙足印）赋存于白垩纪大盛群田家楼组紫红色粉砂岩中，距今约6 500万年，属于河湖相沉积，岩石上留有的波痕至今清晰可见。临沭岌山地质公园大部分恐龙足迹赋存在大盛群孟瞳组灰紫色细粒长石砂岩、粉砂岩层面上，地层中同时发育大量的虫迹、波痕、雨痕、泥裂、斜层理、交错层理等沉积构造。从恐龙足迹形态判断，既有蜥脚类也有鸭嘴龙类等，既有成年个体也有幼年个体。如图4-43、图4-44所示。

◀ 图4-43　秀丽的岌山

◀ 图4-44　临沭岌山地质公园内的恐龙足迹化石

4. 山东地貌景观类地质公园

（1）新太古代晚期鲁西花岗岩地貌类地质公园

新太古代晚期25.4亿～25亿年鲁西陆壳形成演化的缩影——邹城峄山、邹城凤凰山（十八盘）、枣庄山亭剪子山、滕州莲青山、曲阜石门山、泗水龙门山、莱芜九龙大峡谷、肥城牛山、宁阳神童山、新泰青云山、临朐沂山等省级地质公园。如图4-45、图4-46、图4-47、图4-48、图4-49、图4-50、图4-51、图4-52、图4-53所示。

▲ 图4-45　邹城峄山地质公园

▲ 图4-46　滕州莲青山地质公园

图4-47 泗水龙门山岩浆岩侵入界线明显，近年来国内外地质学家多次到此考察

图4-48 枣庄山亭剪子山地质公园内出露的新太古代晚期峄山序列片麻状花岗闪长岩，含有大量地幔岩浆形成的闪长质包体

图4-49 莱芜九龙大峡谷地质公园

图4-50 肥城牛山地质公园

图4-51 宁阳神童山地质公园

图4-52 新泰青云山地质公园

◀ 图4-53　山东临朐
沂山地质公园

（2）中生代花岗岩地貌类地质公园

中生代岩浆侵入活动地质遗迹的典型代表——烟台磁山、昆嵛山、招远罗山、济南华山、栖霞牙山、栖霞艾山、海阳招虎山、乳山岠嵎山、日照东港区河山、即墨马山等地质公园。地质公园内的花岗岩形成各种山岳景观、沟谷景观、奇石景观、天然石臼景观、洞穴景观。如图4-54、图4-55、图4-56、图4-57、图4-58、图4-59、图4-60所示。

◀ 图4-54　烟台磁山
地质公园

◀ 图4-55　昆嵛山地质
公园

◀ 图4-56　招远罗山地
质公园

◀ 图4-57　栖霞牙山
地质公园

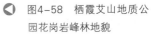

◀ 图4-58 栖霞艾山地质公园花岗岩峰林地貌

◀ 图4-59 乳山岠嵎山地质公园花岗岩峰林地貌

◀ 图4-60 日照河山地质公园花岗岩地貌

（3）碳酸盐岩地貌类地质公园

鲁西隆起区自距今25亿年开始隆升后，经历近20亿年的风化剥蚀作用，直至距今5.3亿年寒武纪开始，华北陆壳沉降形成寒武纪朱砂洞组、馒头组、张夏组、崮山组、炒米店组等滨浅海陆源碎屑-海相碳酸盐沉积，之后形成了穿时的地层单位——三山子组白云岩，奥陶纪形成了白云岩与灰岩相间的潟湖——开阔浅海的马家沟群碳酸盐沉积。

寒武纪-奥陶纪地层地质遗迹组成的省级地质公园，主要有长清张夏-崮山、淄川潭溪山、济南蟠龙山、枣庄龟山、曲阜尼山、梁山、金乡羊山、巨野金山、嘉祥青山、宁阳鹤山、东阿鱼山、苍山文峰山、蒙阴岱崮、新泰寺山、东平湖、平邑曾子山等地质公园。如图4-61、图4-62、图4-63、图4-64、图4-65、图4-66所示。

◀ 图4-61　淄川潭溪山地质公园

◀ 图4-62　曲阜尼山地质公园——龙脊

图4-63 曲阜尼山地质公园
——夫子洞

图4-64 蒙阴岱崮地质公园

图4-65 新泰寺山地质公
园——三山子组藻丘白云岩

◀ 图4-66 水泊梁山地质公园

（4）火山地貌类地质公园

相较花岗岩等侵入岩，山东省火山喷出岩出露面积不大，其特点为规模小、时代晚、年龄轻，形成的火山地貌景观较为袖珍雅致。较为知名的火山地貌遗迹有10余处，主要分布在昌乐、临朐、青州、即墨、蓬莱、无棣等地。按形成时代，可分为中生代火山岩与新生代火山岩。即墨马山省级地质公园内的火山遗迹是中生代火山岩的典型代表，无棣碣石山省级地质公园是新生代火山地质遗迹的典型代表。如图4-67、图4-68所示。

▲ 图4-67 即墨马山地质公园——石林（柱状节理）

◀ 图4-68　无棣碣石山地
质公园。由强碱性玄武
岩组成，形成年龄73万
年，是山东最年轻的火山

（5）海蚀海积地貌类地质公园

牟平养马岛等地质公园由古元古代荆山群变质地层组成，主要岩性为大理岩、黑云变粒岩、黑云片岩。主要地质地貌遗迹包括长期海蚀和风化剥蚀形成的海蚀、海积地貌遗迹，主要有月牙洞、狗妖十八洞、兄弟崖等海蚀地貌，月牙湾、砾石滩、金沙滩、黑泥滩等海积地貌；地质构造遗迹包括断裂遗迹、褶皱遗迹、天然岩画遗迹；地质灾害遗迹为崩塌遗迹；岛礁地貌景观主要为金龟探海、三角石、鱼脊梁骨等景观遗迹。如图4-69所示。

▲ 图4-69　牟平养马岛地质公园

（6）流水地貌类地质公园

临清黄河故道地质公园位于临清市东南侧郭堤一带，呈南西-北东向弯曲的条带状，是鲁西北地区现存较好的一处古黄河地质遗迹。如图4-70所示。公园内古沙丘连绵起伏，宛若一条苍龙盘旋而卧，蔚为壮观；近2 km长的古堤和古驰道至今仍保留着原始风貌，是黄河古河道细沙沉积作用形成的。临清黄河故道遗留大量泥沙，在风力作用下形成各种沙丘、沙垄，是省内典型的沙积地貌景观。公园内1万多株古椹树蓊郁苍翠，树龄大多在300年左右，具有很高的旅游休闲价值。

▲ 图4-70　临清黄河故道地质公园

5. 山东水体景观类地质公园

山东水体景观类地质公园包括济南趵突泉、章丘百脉泉、桓台马踏湖、滕州红荷湿地等。

（1）泉水景观类地质公园

济南趵突泉泉群省级地质公园以大型岩溶上升泉集中出露为特色，以群泉喷涌成湖而著称，由趵突泉（图4-71）、五龙潭、黑虎泉（图4-72）、珍珠泉四大泉群组成，同时拥有灿烂的泉水文化。济南泉域是由古生界寒武、奥陶系构成的单斜断块蓄水构造，是一个完整的水文地质单元。趵突泉等四大泉群是岩溶地下水天然露点，是我国北方罕见的大型岩溶泉群。

图4-71 济南趵突泉泉群地质公园——趵突泉

图4-72 济南趵突泉泉群地质公园——黑虎泉

济南章丘百脉泉公园地处章丘市区内，以群泉喷涌成湖而著称。公园内群泉鼎沸，杨柳染烟，画廊奇阁，宛如画卷，"百脉寒泉珍珠滚"，居章丘八景之首，是中国北方独具特色的泉景景区，享有"天下奇观"的美誉。章丘泉域内寒武、奥陶纪岩石裸露，大气降水降落至地表入渗后转化为岩溶地下水，成为泉群泉水的补给来源。如图4-73、图4-74所示。

▲ 图4-73　章丘百脉泉地质公园——百脉泉

▲ 图4-74　章丘百脉泉地质公园——墨泉

（2）湖沼景观类地质公园

滕州红荷湿地地质公园发育有典型的湿地地形地貌景观，拥有55 km的湖岸线、约8 000万m²的野生红荷、90 km²的芦苇荡、国内罕见的水泊林海和丰富的物种资源，以钟灵毓秀、原始风情和保存最佳的湿地资源而闻名。如图4-75所示。

桓台马踏湖地质公园地处淄博市桓台县的北部，面积10.21 km²。马踏湖地质公园内有湖泊、沼泽、湖沟、湖岗等独特的地质遗迹，有水文、天象、苇荡、荷塘、鸟类等多种自然景观，以及独特的渔家风情和众多的历史文化古迹，自然景观优美，文化底蕴深厚。如图4-76所示。

◀ 图4-75　滕州红荷湿地地质公园

◀ 图4-76　桓台马踏湖地质公园

附 录

附录一：

全球世界地质公园一览表

（按照加入世界地质公园网络的先后时间排序）

序号	地质公园名称	所在地	序号	地质公园名称	所在地
1	艾森武尔瑾地质公园	奥地利	15	莱斯沃斯石化森林地质公园	希腊
2	黄山地质公园	中国	16	普西罗芮特地质公园	希腊
3	五大连池地质公园	中国	17	大理石拱形洞-奎拉山脉地质公园	英国
4	庐山地质公园	中国	18	科佩海岸地质公园	爱尔兰
5	云台山地质公园	中国	19	马东尼地质公园	意大利
6	嵩山地质公园	中国	20	马埃斯特地质公园	西班牙
7	张家界砂岩峰林地质公园	中国	21	北奔宁山地质公园	英国
8	丹霞山地质公园	中国	22	克什克腾地质公园	中国
9	石林地质公园	中国	23	雁荡山地质公园	中国
10	普罗旺斯高地地质公园	法国	24	泰宁地质公园	中国
11	吕贝龙地质公园	法国	25	兴文石海地质公园	中国
12	特拉维塔地质公园	德国	26	波西米亚天堂地质公园	捷克
13	贝尔吉施—奥登瓦尔德山地质公园	德国	27	布朗斯韦尔地质公园	德国
14	埃菲尔山脉地质公园	德国	28	斯瓦卡阿尔比地质公园	德国

（续表）

序号	地质公园名称	所在地	序号	地质公园名称	所在地
29	贝瓜帕尔科地质公园	意大利	54	秦岭终南山地质公园	中国
30	哈采格恐龙地质公园	罗马尼亚	55	柴尔莫斯-武拉伊科斯地质公园	希腊
31	苏格兰西北高地地质公园	英国	56	洞爷火山口-有珠火山地质公园	日本
32	威尔士大森林地质公园	英国	57	云仙火山区地质公园	日本
33	阿拉里皮地质公园	巴西	58	系鱼川地质公园	日本
34	泰山地质公园	中国	59	阿洛卡地质公园	葡萄牙
35	王屋山-黛眉山地质公园	中国	60	威尔士乔蒙地质公园	英国
36	伏牛山地质公园	中国	61	设得兰地质公园	英国
37	雷琼地质公园	中国	62	石锤地质公园	加拿大
38	房山地质公园	中国	63	乐业-凤山地质公园	中国
39	镜泊湖地质公园	中国	64	宁德地质公园	中国
40	赫阿地质公园	挪威	65	洛夸地质公园	芬兰
41	纳图特乔地质公园	葡萄牙	66	约阿尼纳地质公园	希腊
42	索夫拉韦地质公园	西班牙	67	拉瓦卡-诺格拉德地质公园	匈牙利/斯洛文尼亚
43	苏伯提卡斯地质公园	西班牙	68	奇伦托地质公园	意大利
44	卡沃-德加塔地质公园	西班牙	69	图斯卡采矿公园	意大利
45	帕普克地质公园	克罗地亚	70	山阴海岸地质公园	日本
46	撒丁岛地质与采矿公园	意大利	71	济州岛地质公园	韩国
47	浮罗交怡岛地质公园	马来西亚	72	岩浆地质公园	挪威
48	里维耶拉地质公园	英国	73	巴斯克海岸地质公园	西班牙
49	龙虎山地质公园	中国	74	董凡喀斯特高原地质公园	越南
50	自贡地质公园	中国	75	天柱山地质公园	中国
51	阿达梅洛布伦塔地质公园	意大利	76	香港地质公园	中国
52	罗卡迪切雷拉地质公园	意大利	77	博日地质公园	法国
53	阿拉善地质公园	中国	78	马斯喀拱形地质公园	德国/波兰

（续表）

序号	地质公园名称	所在地	序号	地质公园名称	所在地
79	卡特拉地质公园	冰岛	100	格鲁塔·德尔·帕拉西奥世界地质公园	乌拉圭
80	巴伦和莫赫悬崖地质公园	爱尔兰	101	阿尔卑斯矿石地质公园	奥地利
81	阿普安阿尔卑斯山地质公园	意大利	102	滕布勒岭地质公园	加拿大
82	室户地质公园	日本	103	昆仑山地质公园	中国
83	安达卢西亚，塞维利亚北部山脉	西班牙	104	大理苍山地质公园	中国
84	维约尔卡斯-伊博尔-哈拉地质公园	西班牙	105	奥舍德地质公园	丹麦
85	卡尔尼克阿尔卑斯地质公园	奥地利	106	阿德榭山地质公园	法国
86	三清山地质公园	中国	107	阿苏地质公园	日本
87	沙布莱地质公园	法国	108	姆古恩地质公园	摩洛哥
88	包科尼-巴拉顿地质公园	匈牙利	109	骑士领地质公园	葡萄牙
89	巴图尔地质公园	印度尼西亚	110	耶罗岛地质公园（加那利群岛自治区）	西班牙
90	加泰罗尼亚中部地质公园	西班牙	111	莫利纳和阿尔托塔霍地质公园	西班牙
91	神农架地质公园	中国	112	敦煌地质公园	中国
92	延庆地质公园	中国	113	织金洞地质公园	中国
93	塞西亚-瓦尔格兰德地质公园	意大利	114	特罗多斯山地质公园	塞浦路斯
94	隐岐群岛地质公园	日本	115	锡蒂亚地质公园	希腊
95	洪兹吕赫地质公园	荷兰	116	雷克雅内斯半岛地质公园	冰岛
96	亚速尔群岛地质公园	葡萄牙	117	色乌山地质公园	印度尼西亚
97	伊德里亚世界地质公园	斯洛文尼亚	118	波里诺地质公园	意大利
98	卡拉万克地质公园	斯洛文尼亚/奥地利	119	阿珀依山地质公园	日本
99	库拉火山地质公园	土耳其	120	兰萨罗特及奇尼霍群岛地质公园	西班牙

附录二：

欧洲世界地质公园一览表

（按照加入世界地质公园网络的先后时间排序）

序号	地质公园名称	所在地	序号	地质公园名称	所在地
1	艾森武尔瑾地质公园	奥地利	21	赫阿地质公园	挪威
2	普罗旺斯高地地质公园	法国	22	纳图特乔地质公园	葡萄牙
3	吕贝龙地质公园	法国	23	索夫拉韦地质公园	西班牙
4	特拉维塔地质公园	德国	24	苏伯提卡斯地质公园	西班牙
5	贝尔吉施-奥登瓦尔德山地质公园	德国	25	卡沃-德加塔地质公园	西班牙
6	埃菲尔山脉地质公园	德国	26	帕普克地质公园	克罗地亚
7	莱斯沃斯石化森林地质公园	希腊	27	撒丁岛地质与采矿公园	意大利
8	普西罗芮特地质公园	希腊	28	里维耶拉地质公园	英国
9	大理石拱形洞-奎拉山脉地质公园	英国	29	阿达梅洛布伦塔地质公园	意大利
10	科佩海岸地质公园	爱尔兰	30	罗卡迪切雷拉地质公园	意大利
11	马东尼地质公园	意大利	31	柴尔莫斯-武拉伊科斯地质公园	希腊
12	马埃斯特地质公园	德国	32	阿洛卡地质公园	葡萄牙
13	北奔宁山地质公园	英国	33	威尔士乔蒙地质公园	英国
14	波西米亚天堂地质公园	捷克	34	设得兰地质公园	英国
15	布朗斯韦尔地质公园	德国	35	洛夸地质公园	芬兰
16	斯瓦卡阿尔比地质公园	德国	36	约阿尼纳地质公园	希腊
17	贝瓜帕尔科地质公园	意大利	37	拉瓦卡-诺格拉德地质公园	匈牙利/斯洛文尼亚
18	哈采格恐龙地质公园	罗马尼亚	38	奇伦托地质公园	意大利
19	苏格兰西北高地地质公园	英国	39	图斯卡采矿公园	意大利
20	威尔士大森林地质公园	英国	40	岩浆地质公园	挪威

（续表）

序号	地质公园名称	所在地	序号	地质公园名称	所在地
41	巴斯克海岸地质公园	西班牙	56	伊德里亚世界地质公园	斯洛文尼亚
42	博日地质公园	法国	57	卡拉万克地质公园	斯洛文尼亚/奥地利
43	马斯喀拱形地质公园	德国/波兰	58	库拉火山地质公园	土耳其
44	卡特拉地质公园	冰岛	59	阿尔卑斯矿石地质公园	奥地利
45	巴伦和莫赫悬崖地质公园	爱尔兰	60	奥舍德地质公园	丹麦
46	阿普安阿尔卑斯山地质公园	意大利	61	阿德榭山地质公园	法国
47	安达卢西亚，塞维利亚北部山脉	西班牙	62	骑士领地地质公园	葡萄牙
48	维约尔卡斯-伊博尔-哈拉地质公园	西班牙	63	耶罗岛地质公园（加那利群岛自治区）	西班牙
49	卡尔尼克阿尔卑斯地质公园	奥地利	64	莫利纳和阿尔托塔霍地质公园	西班牙
50	沙布莱地质公园	法国	65	特罗多斯山地质公园	塞浦路斯
51	包科尼-巴拉顿地质公园	匈牙利	66	锡蒂亚地质公园	希腊
52	加泰罗尼亚中部地质公园	西班牙	67	雷克雅内斯半岛地质公园	冰岛
53	塞西亚-瓦尔格兰德地质公园	意大利	68	波里诺地质公园	意大利
54	洪兹吕赫地质公园	荷兰	69	兰萨罗特及奇尼霍群岛地质公园	西班牙
55	亚速尔群岛地质公园	葡萄牙			

附录三：

中国世界地质公园一览表

（按照加入世界地质公园网络的先后时间排序）

序号	地质公园名称	所在地	序号	地质公园名称	所在地
1	黄山地质公园	安徽	18	镜泊湖地质公园	黑龙江
2	五大连池地质公园	黑龙江	19	龙虎山地质公园	江西
3	庐山地质公园	江西	20	自贡地质公园	四川
4	云台山地质公园	河南	21	阿拉善地质公园	内蒙古
5	嵩山地质公园	河南	22	秦岭终南山地质公园	陕西
6	张家界砂岩峰林地质公园	湖南	23	乐业-凤山地质公园	广西
7	丹霞山地质公园	广东	24	宁德地质公园	福建
8	石林地质公园	云南	25	天柱山地质公园	安徽
9	克什克腾地质公园	内蒙古	26	香港地质公园	香港
10	雁荡山地质公园	浙江	27	三清山地质公园	江西
11	泰宁地质公园	福建	28	神农架地质公园	湖北
12	兴文石海地质公园	四川	29	延庆地质公园	北京
13	泰山地质公园	山东	30	昆仑山地质公园	青海
14	王屋山-黛眉山地质公园	河南	31	大理苍山地质公园	云南
15	伏牛山地质公园	河南	32	敦煌地质公园	甘肃
16	雷琼地质公园	海南	33	织金洞地质公园	贵州
17	房山地质公园	北京			

附录四：

中国国家地质公园一览表（截至2015年）

（按照批准先后时间排序）

序号	国家地质公园名称	序号	国家地质公园名称
1	黑龙江五大连池国家（世界）地质公园	16	河北阜平天生桥国家地质公园
2	福建漳州滨海火山国家地质公园	17	河北秦皇岛柳江国家地质公园
3	江西庐山国家（世界）地质公园	18	黄河壶口瀑布国家地质公园（山西/陕西）
4	江西龙虎山国家（世界）地质公园	19	内蒙古克什克腾国家（世界）地质公园
5	河南嵩山国家（世界）地质公园	20	黑龙江嘉荫恐龙国家地质公园
6	湖南张家界砂岩峰林国家（世界）地质公园	21	浙江常山国家地质公园
7	四川自贡国家（世界）地质公园	22	浙江临海国家地质公园
8	四川龙门山国家地质公园	23	安徽黄山国家（世界）地质公园
9	云南石林国家（世界）地质公园	24	安徽齐云山国家地质公园
10	云南澄江动物化石群国家地质公园	25	安徽浮山国家地质公园
11	陕西翠华山山崩地质公园（秦岭终南山世界地质公园）	26	安徽淮南八公山国家地质公园
12	北京石花洞国家地质公园（房山世界地质公园）	27	福建泰宁国家（世界）地质公园
13	北京延庆硅化木国家地质公园	28	山东山旺国家地质公园
14	天津蓟县国家地质公园	29	山东枣庄熊耳山-抱犊崮国家地质公园
15	河北涞源白石山国家地质公园（房山世界地质公园）	30	河南焦作云台山国家（世界）地质公园

（续表）

序号	国家地质公园名称	序号	国家地质公园名称
31	河南内乡宝天幔国家地质公园（伏牛山世界地质公园）	49	辽宁朝阳鸟化石国家地质公园
32	湖南郴州飞天山国家地质公园	50	吉林靖宇火山矿泉群国家地质公园
33	湖南崀山国家地质公园	51	黑龙江伊春花岗岩石林国家地质公园
34	广东丹霞山世界地质公园	52	江苏苏州太湖西山国家地质公园
35	广东湛江湖光岩国家地质公园（雷琼世界地质公园）	53	浙江雁荡山国家（世界）地质公园
36	广西资源国家地质公园	54	浙江新昌硅化木国家地质公园
37	四川海螺沟国家地质公园	55	安徽祁门牯牛降国家地质公园
38	四川大渡河峡谷国家地质公园	56	福建晋江深沪湾国家地质公园
39	四川安县生物礁国家地质公园	57	福建福鼎太姥山国家地质公园（宁德世界地质公园）
40	云南腾冲火山国家地质公园	58	福建宁化天鹅洞群国家地质公园
41	西藏易贡国家地质公园	59	山东东营黄河三角洲国家地质公园
42	陕西洛川黄土国家地质公园	60	河南王屋山国家地质公园（王屋山-黛眉山世界地质公园）
43	甘肃敦煌雅丹国家地质公园	61	河南西峡伏牛山国家地质公园（伏牛山世界地质公园）
44	甘肃刘家峡恐龙国家地质公园	62	河南嶂峣山国家地质公园
45	北京十渡国家地质公园（房山世界地质公园）	63	长江三峡国家地质公园（湖北/重庆）
46	河北赞皇嶂石岩国家地质公园	64	广东佛山西樵山国家地质公园
47	河北涞水野三坡国家地质公园（房山世界地质公园）	65	广东阳春凌霄岩国家地质公园
48	内蒙古阿尔山国家地质公园	66	广西乐业大石围天坑群国家地质公园（乐业-凤山世界地质公园）

（续表）

序号	国家地质公园名称	序号	国家地质公园名称
67	广西北海涠洲岛火山国家地质公园	89	山西宁武冰洞国家地质公园
68	海南海口石山火山群国家地质公园(雷琼世界地质公园)	90	山西五台山国家地质公园
69	重庆武隆岩溶国家地质公园	91	内蒙古阿拉善沙漠世界地质公园
70	重庆黔江小南海国家地质公园	92	辽宁本溪国家地质公园
71	四川九寨沟国家地质公园	93	辽宁大连冰峪沟国家地质公园
72	四川黄龙国家地质公园	94	辽宁大连滨海国家地质公园
73	四川兴文石海国家（世界）地质公园	95	黑龙江镜泊湖国家（世界）地质公园
74	贵州关岭化石群国家地质公园	96	黑龙江兴凯湖国家地质公园
75	贵州兴义国家地质公园	97	上海崇明岛国家地质公园
76	贵州织金洞国家地质公园	98	江苏六合国家地质公园
77	贵州绥阳双河洞国家地质公园	99	安徽大别山（六安）地质公园
78	云南禄丰恐龙国家地质公园	100	安徽天柱山国家（世界）地质公园
79	云南玉龙黎明-老君山国家地质公园	101	福建德化石牛山国家地质公园
80	甘肃平凉崆峒山国家地质公园	102	福建屏南白水洋国家地质公园（宁德世界地质公园）
81	甘肃景泰黄河石林国家地质公园	103	福建永安国家地质公园
82	青海尖扎坎布拉国家地质公园	104	江西三清山国家（世界）地质公园
83	宁夏西吉火石寨国家地质公园	105	江西武功山国家地质公园
84	新疆布尔津喀纳斯湖国家地质公园	106	山东长山列岛国家地质公园
85	新疆奇台硅化木—恐龙国家地质公园	107	山东沂蒙山国家地质公园
86	河北临城国家地质公园	108	山东泰山国家（世界）地质公园
87	河北武安国家地质公园	109	河南关山国家地质公园
88	山西壶关峡谷国家地质公园	110	河南郑州黄河国家地质公园

（续表）

序号	国家地质公园名称	序号	国家地质公园名称
111	河南洛宁神灵寨国家地质公园	132	云南大理苍山国家（世界）地质公园
112	河南黛眉山国家地质公园（王屋山−黛眉山世界地质公园）	133	西藏札达土林国家地质公园
113	河南信阳金刚台国家地质公园	134	陕西延川黄河蛇曲国家地质公园
114	湖北木兰山国家地质公园	135	青海互助嘉定国家地质公园
115	湖北神农架国家地质公园	136	青海久治年宝玉则国家地质公园
116	湖北郧县恐龙蛋化石群国家地质公园	137	青海格尔木昆仑山国家地质公园
117	湖南凤凰国家地质公园	138	新疆富蕴可可托海国家地质公园
118	湖南古丈红石林国家地质公园	139	香港国家（世界）地质公园
119	湖南酒埠江国家地质公园	140	福建冠豸山国家地质公园
120	广东恩平温泉国家地质公园	141	山西陵川王莽岭国家地质公园
121	广东封开国家地质公园	142	山西大同火山群国家地质公园
122	广东深圳大鹏半岛国家地质公园	143	内蒙古宁城国家地质公园
123	广西凤山国家地质公园（乐业−凤山世界地质公园）	144	内蒙古二连浩特国家地质公园
124	广西鹿寨香桥喀斯特国家地质公园	145	吉林长白山火山国家地质公园
125	重庆云阳龙缸国家地质公园	146	吉林乾安泥林国家地质公园
126	四川华蓥山国家地质公园	147	安徽池州九华山国家地质公园
127	四川江油国家地质公园	148	福建白云山国家地质公园（宁德世界地质公园）
128	四川射洪硅化木国家地质公园	149	山东诸城恐龙国家地质公园
129	四川四姑娘山国家地质公园	150	山东青州国家地质公园
130	贵州六盘水乌蒙山国家地质公园	151	湖北黄冈大别山国家地质公园
131	贵州平塘国家地质公园	152	湖北武当山国家地质公园

（续表）

序号	国家地质公园名称	序号	国家地质公园名称
153	广西桂平国家地质公园	170	湖南乌龙山国家地质公园
154	广西大化七百弄国家地质公园	171	湖南湄江国家地质公园
155	重庆万盛国家地质公园	172	广东阳山国家地质公园
156	四川光雾山-诺水河国家地质公园	173	重庆綦江国家地质公园
157	贵州思南乌江喀斯特国家地质公园	174	四川大巴山国家地质公园
158	贵州黔东南苗岭国家地质公园	175	云南丽江玉龙雪山冰川国家地质公园
159	云南九乡峡谷洞穴国家地质公园	176	陕西商南金丝峡国家地质公园
160	贵州赤水丹霞国家地质公园	177	陕西岚皋南宫山国家地质公园
161	北京平谷黄松峪国家地质公园	178	甘肃天水麦积山国家地质公园
162	北京密云云蒙山国家地质公园	179	甘肃和政古生物化石国家地质公园
163	河北迁安国家地质公园	180	青海贵德国家地质公园
164	河北兴隆国家地质公园	181	新疆天山天池国家地质公园
165	黑龙江伊春小兴安岭国家地质公园	182	新疆库车大峡谷国家地质公园
166	江苏江宁汤山方山国家地质公园	183	山西永和黄河蛇曲国家地质公园
167	安徽凤阳韭山国家地质公园	184	内蒙古巴彦淖尔国家地质公园
168	河南小秦岭国家地质公园	185	内蒙古鄂尔多斯国家地质公园
169	河南林虑山国家地质公园		

参考文献

[1]陈安泽. 中国花岗岩地貌景观若干问题讨论[J]. 地质论评, 2007.

[2]孔庆友. 山东地学话锦绣[M]. 济南: 山东科学技术出版社, 1991: 41-71.

[3]王世进, 万渝生, 张成基, 等. 山东早前寒武纪变质地层形成年代[J]. 山东国土资源, 2009, 25(10): 18-24.

[4]王伟, 杨恩秀, 王世进, 等. 鲁西泰山岩群变质枕状玄武岩岩相学和侵入的奥长花岗岩SHRIMP 锆石U-Pb 年代学[J]. 地质论评, 2009, 55(5): 737-744.

[5]江博明, 刘敦一, 万喻生, 等. 中国胶东半岛太古代地壳演化——利用锆石 SHRIMP地球年代学、元素地球化学和Nd-同位素地球化学. 美国科学杂志, 2008, 3(308): 232-269.

[6]陆松年, 陈志宏, 相振群. 泰山世界地质公园古老侵入岩年代格架[M]. 北京: 地质出版社, 2008: 1-88.

[7]王世进, 万渝生, 王伟, 等. 鲁西蒙山龟蒙顶、云蒙峰岩体的锆石SHRIMP U-Pb测年及形成时代[J]. 山东国土资源, 2010, 26(5): 1-6.

[8]柳永清, 旷红伟, 彭楠, 等. 鲁东诸城地区晚白垩世恐龙集群埋藏地沉积相与埋藏学初步研究[J]. 地质论评, 2010, 56(4): 457-467.

[9]王宗花, 张鲁府, 陈华. 山旺国家地质公园地学特色与现状[J]. 山东国土资源, 2006, 22(4): 29-31.

[10]王来明, 宋明春, 王沛成. 胶南—威海造山带研究进展及重要地质问题讨论[J]. 山东地质, 2002, 18(3-4): 78-83.

[11]郭士昌, 姚春梅, 林存来, 等. 山东沂蒙山国家地质公园遗迹资源特点及保护[J]. 山东国土资源, 2009, 25(8): 59-64.

[12]万兵力. 长山列岛国家地质公园主要地质遗迹特征与开发保护措施[J]. 山东国土资源, 2009, 25(4): 57-59.

[13]安仰生, 张旭, 陈希武, 等. 山东枣庄熊耳山崮形地貌成因及地质景观保护[J]. 山东国土资源, 2007, 23(6-7): 61-63.

[14]张增奇, 刘明渭. 山东省岩石地层[M]. 武汉: 中国地质大学出版社, 1996.